家庭自制营养蔬果汁360种

傅静仪　编著

金盾出版社

内容提要

这是一本专门教你怎样在家制作蔬菜汁、水果汁的大众实用科普读物。书中首先介绍了工具使用、食材准备等自制蔬果汁必须掌握的基本常识，然后针对人们的不同需求及原料的不同营养成分，分类逐款地讲授了各种蔬果汁的材料、制法和功效。本书贴近生活，有助健康，科学实用，便于操作，是广大家庭主妇和美食爱好者的良师益友。

图书在版编目(CIP)数据

家庭自制营养蔬果汁360种/傅静仪编著.—北京：金盾出版社，2016.3

ISBN 978-7-5186-0679-5

Ⅰ.①家… Ⅱ.①傅… Ⅲ.①蔬菜—饮料—制作②果汁饮料—制作 Ⅳ.①TS275.5

中国版本图书馆CIP数据核字(2015)第281445号

金盾出版社出版、总发行
北京太平路5号(地铁万寿路站往南)
邮政编码：100036 电话：68214039 83219215
传真：68276683 网址：www.jdcbs.cn
北京天宇星印刷厂印刷、装订
各地新华书店经销
开本：850×1168 1/32 印张：8.5 字数：115千字
2016年3月第1版第1次印刷
印数：1～4 000册 定价：28.00元

(凡购买金盾出版社的图书，如有缺页、倒页、脱页者，本社发行部负责调换)

前言

蔬果汁是指蔬菜汁、水果汁和医食同源的其他植物汁的混合饮品。

从食品工艺学的角度出发，一般认为，蔬果汁是指以新鲜或冷藏果蔬（也有一些采用干果）为原料，经过清洗、挑选后，采用物理的方法如压榨、浸提、离心等方法得到的蔬果汁液。因此，蔬果汁也有“液体果蔬”之称。通常情况下，企业对蔬果汁可以理解为以水果、蔬菜为基料，通过加糖、酸、香精、色素等调制的产品，称为蔬果汁饮料。

家庭制作蔬果汁其实很方便，对于上班族来说，不仅不费时间，而且所含的营养物质也容易吸收。需要注意的是，制作蔬果汁时最好选用两三种不同的水果、蔬菜，每天变化搭配组合，这样才可以达到营养物质吸收均衡。

新鲜蔬菜水果汁能有效地为人体补充维生素以及钙、磷、钾、镁等矿物质，可以调整人体功能，增强细胞活力，以及肠胃功能，促进消化液分泌，消除疲劳。

特别提醒大家，家庭自制的蔬果汁，由于没有添加色素、糖、黏稠剂等添加剂，所以不如外购的好看、好喝。但是，正因为这样，婴幼儿以及身体不太好的人，最好不要喝外面卖的果汁。

虽然自己在家制作蔬果汁并不复杂，但也需要了解一些基本常识和经验教训，因此我们特地编写了这本《家庭自制营养蔬果汁 360 种》。本书系统地介绍了蔬果汁的好处、营养以及具体的制作方法，并附带介绍了相关的养生保健知识，以帮助大家制作出美味可口、适合自己身体需要的蔬果汁，喝出健康与美丽！

本书前两章介绍了制作蔬果汁应当了解的基本常识，榨汁前的准备工作，以及常用榨汁原料的营养和搭配技巧。从第三章至最后一章，分别针对不同的症状、不同的人群，介绍了相应蔬果汁的原料、制作方法和功效。

在本书编写的过程中，我们参考了国内外的大量资料，并得到了李芳、蒋洋、唐洁、张献光、梁明侠、孔范君、赵爱艳、彭波臣、王圣、李倩、黄玲、吕一匡的帮助，在此一并表示衷心的感谢！

希望大家从自制蔬果汁中得到的不仅是健康和美丽，还有生活的美好与乐趣。

作　者

第一章　蔬果汁功效与自制常识

第二章　蔬果汁食材及营养成分

第三章　增强食欲的蔬果汁

第四章　增强免疫力的蔬果汁

第五章　美容养颜的蔬果汁

第六章　清肠排毒的蔬果汁

第七章　预防“三高”的蔬果汁

第八章　生血补血的蔬果汁

第九章　适合上班族的蔬果汁

第十章　适合女性的蔬果汁

第十一章　适合老年人的蔬果汁

第十二章　适合儿童的蔬果汁

第十三章　适合学生的蔬果汁

第十四章　四季养生蔬果汁

第一章　蔬果汁功效与自制常识

一、常饮蔬果汁的好处

蔬果汁与蔬菜、水果相比，对人体的综合清理作用及医疗保健作用大有不同。

固体性质的蔬菜和水果在人的消化道中往往需 1 小时以上才能被消化，由胃经过肠道，最后进入器官和组织，在这一过程中，其营养已损失很多。消化过程不仅夺去了一部分能量，而且消化器官把营养作为制造能量的原料来使用，只有较小比例作为细胞建设物质来使用。如果饮用蔬果汁，饮用 10～15 分钟后就会进入血液中，能被机体全部用作修复清理和建设细胞、组织及分泌腺的物质。这是直接食用蔬菜和水果所无法相比的。

蔬果汁能调和不同类食物在消化上的“对抗性”。不同类的食物（特别是蛋白质类和碳水化合物类）同时吃到胃里，因不同食物需要不同性质的消化液，不同性质的消化液在胃里的“对抗”会导致食物不能及时消化，形成腐败物和毒素。如果饮用蔬果汁，就能对不同类食物在消化过程中起到某种调和作用，从而可减少腐败物和毒素的产生。

蔬果汁中含有的大量酶，具有水解、氧化还原与分解作用，是食物消化的催化剂，食物得到充分消化，才不致形成体内垃圾。酶还具有净化血液，抑制肠内异常发酵的重要功能。蔬果汁除了富含矿物质、维生素及氨基酸等营养物质外，还含有叶绿素。叶绿素进入人体组织后，能清除体内的废物、残留的药物和毒素，有清肝和清血等作用，可以改善血糖指标。叶绿素还有造血功能。

利用蔬果汁养颜、排毒和保健，在欧洲一些国家颇为盛行。从一些医学保健资料中得知，蔬果汁排毒法的创始人——美国的翁科尔博士、日本的甲田光雄博士、俄罗斯的沙塔洛娃医生、瑞士的贝纳医师及美国的林隆村医师等都用蔬果汁辅助治愈了许多疑难杂症。蔬果的液汁营养好，作用特殊，其清理毒素和保健作用已日益受到百姓的青睐。如今在欧美日等国家，蔬果汁已成为寻常百姓餐桌上的常备饮料。

随着我国生活水平的提高，相当多的人尤其是年轻人和崇尚自然养生的中老年人也开始经常饮用蔬果汁。相信这种健康、自然、美味的饮品会越来越受欢迎。

二、在家制作蔬果汁应注意的问题

第一，选用生态清洁的新鲜食材

选用的蔬菜、水果和其他医食同源食材一定要新鲜，无化学农药和化肥的残留物，以新鲜蔬果最好。冷冻蔬果由于放置时间久，维生素的含量逐渐减少，对身体的益处也相对减少。此外，挑选有机产品或有条件自己栽种的更好，可避免农药的污染。

第二，正确使用蔬果原料

要想激活植物化学元素的能量，蔬果汁素材的使用方法相当重要。蔬果外皮也含营养成分，如：苹果皮含有纤维素，有助肠蠕动，促进排便；葡萄皮则含有多酚类物质，可抗氧化。所以像苹果、葡萄之类可以保留外皮食用。如果将这些素材去皮后食用的话，营养效果就会减半。色素存在于皮中，因此果实的皮是相当重要的一部分，特别是成熟果实的皮，颜色越深代表所含的植物化学元素越丰富。

另外，蔬果的香味也来自于皮，例如洋葱、大蒜、紫苏、西芹等，香味越浓代表含的植物化学元素越多。

当然，蔬果要清洗干净，以免喝到残留的虫卵和农药。

第三，原料要经常调换，品种多样

饮用蔬果汁最好不要只选用一两种原料。选用榨汁的蔬菜、水果及其他医食同源的食材品种越多越好。我国的可食用植物种类十分丰富，特别是蔬菜和水果品种有广泛的选择余地。

考虑到不同植物的营养成分各异、功效有别，所以每天选用的蔬菜、水果要保持在 4～6 种，品种应经常调换，根类蔬菜（胡萝卜、白萝卜、红薯、土豆等）与茎、叶、果实类蔬菜要搭配使用。

三、如何饮用蔬果汁最健康

现榨现喝

新鲜是蔬果汁的关键。新鲜蔬果汁含有丰富维生素，

若放置时间过久会因光线及温度破坏维生素效力，营养价值变低，味道也会变差。因此要现榨现喝，才能发挥最大效用，最好在15分钟内喝完，不可图省事一次做很多。如果不马上喝，要放入冰箱冷藏。

要注意，喝蔬果汁不要像灌汽水那样一气灌下去，而是要一口一口地细品慢酌，享用美味的同时，更易让身体完全吸收。若大口痛饮，蔬果汁的糖分会很快进入血液中，使血糖迅速上升。

每天喝多少蔬果汁为宜

蔬菜水果中的植物化学元素含量有限，最好是坚持每天饮用蔬果汁。

那么，每天喝多少呢？可以说，只要不是强制自己，愿意喝多少就喝多少。但为了达到排毒作用，每天饮用量应不少于600毫升。若要达到很好的效果，根据欧洲人的实践，每天应饮1～4升蔬果汁。早、中、晚均可饮用。胃功能弱的人，可在汁中加入与汁等量的水，减少蔬果汁对胃黏膜的刺激。当胃的适应能力提高后，再逐渐增加原汁的比例。

每个人都适合喝蔬果汁吗

不是每个人都适合喝蔬果汁的，因为有些蔬菜中含有大量的钾离子，肾病患者因无法排出体内多余的钾，若喝蔬果汁可能会造成高血钾症。另外，糖尿病人需要长期控制血糖，在喝蔬果汁前必须计算里面碳水化合物的含量，并将其纳入饮食计划中，并不是喝越多越健康。

什么时间喝最好

早上或饭后2小时后喝最好，尤其是早上喝最为理想。

不过如果只用一杯蔬果汁取代原本的早餐又太薄弱，因为蔬果汁中的碳水化合物含量不多，并不足够作为整个早上的能量来源，加上血糖低会不利于大脑思考，易引起情绪浮躁。

饭后 2 小时后喝，和吃水果的原理一样，因为水果比其他食物容易消化，所以为了不干扰正餐食物在肠胃中的消化，饭后 2 小时饮用较合适。

另外，避免晚间睡前喝，因晚间摄取水分会增加肾脏的负担，身体容易出现浮肿。

蔬果汁能加热吗

蔬果汁若是用来辅助治疗感冒、发冷、解酒或者冬天饮用的话，最好加热。加热办法：一是榨汁时往榨汁机中加温水，榨出来的就是温热的果汁。二是将装蔬果汁的玻璃杯放在温水中加热到 37℃左右，这样既保证营养不流失，还能被身体接受。

千万不要用微波炉加热，那样会严重破坏蔬果汁的营养成分。

四、榨汁机的分类——榨汁机、搅拌机、料理机

简单地从形态上来说，蔬果汁可以分为两种，一种是黏稠蔬果汁，一种是液态蔬果汁。

黏稠蔬果汁是指，只用蔬菜和水果制作的蔬果汁，喝起来黏黏糊糊的，像吃冰淇淋一样。

液态蔬果汁是指，利用蔬菜和水果榨取后的汁液加工

而成的液态蔬果汁，如橙汁之类，可以直接大口饮用。

榨汁机、搅拌机、料理机等榨汁机械，有不同的功能，可以制作不同种类的蔬果汁，下面分别介绍。

单功能榨汁机

也叫果汁机，可做纯果汁。启动机器以后，机内擦菜板状的刀片快速运转，可将原料擦碎。利用离心力将果汁和纤维分离，可榨出口感极好的果汁。无须添加水分，因此可以品尝到原料特有的味道。

如果想要一杯黏稠型的蔬果汁，只需取掉滤网，发挥榨汁机的搅拌功能，把所有的纤维素都留在蔬果汁中就可以了。

榨汁机是榨柑橘类蔬果汁必备的工具。可将橘子或者葡萄柚等水果切半，用榨汁机压榨；也可以将水果表皮削除，切成小块放入榨汁机制作。

特征和要点

能去除纤维。适合苦瓜、芹菜等苦味较重的蔬菜。不适合香蕉、鳄梨等黏度较高的水果。

在电动食品加工机械里面，只有这种机械才能制造出纯果汁。要喝纯果汁的读者一定要认准购买。

缺点是功能单一，除了做纯果汁以外其他基本都不能做。建议胃肠功能较弱的人使用此款榨汁机。

榨汁步骤

1. 先将蔬菜水果之类去皮去核，洗净，个头大于加料口的请切小块。

2. 将果汁杯放于出汁口，大集渣斗放于出渣口。

3. 开启机器，将水果蔬菜放入榨汁机，用推料杆压下，即可榨出新鲜美味的果汁。叶菜要卷起来一片一片投入。

搅拌机

用电机带动刀片高速旋转以达到搅拌、粉碎、切割食物目的的机器，统称为食物搅拌机。

搅拌机的刀片旋转可将原料粉碎，并使其充分融合。制作蔬果汁之前要将果皮和果核等不能食用的部分去除。

搅拌机操作简便，只要将切成小块的水果或蔬菜及液体放入其中，按下按钮即可。与榨汁机不同的是，这种方法可将食材的纤维完整保留，成品有浓郁的口感。在制作蔬果汁的时候，先将水果与蔬菜放入搅拌机，随后放入牛奶或者水等液体。

要注意的是，搅拌机不能做出纯果汁。搅拌机对水果的处理主要有两种方式：第一种是使用豆浆杯，把水果放入豆浆杯网罩里，加入水、牛奶或其他饮料作为溶液，启动搅拌机进行搅拌。这种方式可以把水果的果汁溶入到溶液里，得到混合果汁，并且可以用豆浆杯网罩分离大部分果渣；第二种是直接把水果放入豆浆杯，不使用网罩，加入水、牛奶或其他饮料作为溶液，启动搅拌机进行搅拌。这种方式可以把果汁、果渣和溶液一起混合，得到一杯黏稠的蔬果汁。

特征和要点

不加入水分的话，机器就不运转。保留了原材料中的纤维，浓度较高，制作出的果汁口感较醇厚。可以混入牛奶和酸奶。香蕉、鳄梨、生菜等黏度较高的水果蔬菜也适用。

可以品尝到材料的原汁原味,建议蔬菜摄入不足的人群使用。

榨汁步骤

1. 原料治净切成小块。
2. 将原料放入搅拌机。
3. 视具体情况加入适量矿泉水、凉白开水或牛奶。
4. 打开开关,开始搅拌。
5. 将蔬果汁倒入杯子里,加柠檬汁、蜂蜜等调味。

料理机

料理机跟搅拌机一样可以将食材粉碎、搅拌。但是刀刃比较大,制作蔬果汁的时候搅拌时间比较短。料理机原本是用来绞肉、果酱或者切碎蔬菜用的,体积比较大,可能会有搅拌物飞溅的情况出现。机器搅拌数秒之后,用搅拌勺稍微搅拌一下,混合会比较均匀。

特征和要点

水分较少的食材必须加水。保留了原材料中的纤维,浓度较高,制作出的果汁口感较醇厚。香蕉、鳄梨、生菜等黏度较高的水果蔬菜也适用。营养成分破坏少。

榨汁步骤

1. 将原料治净切成小块。
2. 将原料放入容器。
3. 视具体情况加入适量矿泉水、凉白开水或牛奶。
4. 将刀具安装到机身上。
5. 盖好盖子,即可开始搅拌。

6. 将搅拌好的蔬果汁倒入杯子里，加柠檬汁、蜂蜜等调味。

果蔬原汁机

现在市面上还有一种新型的榨汁机，叫做果蔬原汁机，利用螺旋挤压方式，将蔬果中的液体成分挤压出来，由于不使用刀片，避免高温破坏营养成分，果渣不易氧化变色，最大限度地保留了蔬果的原汁原味，因此称为原汁机。

特征和要点

压榨彻底，出汁率高。基本无泡沫，没有热度，不会破坏水果中的酶和营养成分，也不会加快果汁氧化速度，色泽更清亮。有效分离果渣，不溶于果汁，口感顺滑，清甜细腻。果渣分离，有效隔离了农药等重金属。环保材质制作，新生婴儿也可以放心食用。原汁机低速慢磨系统，保持果蔬原汁原味。只能制作纯果汁。

选购榨汁机注意要点

1. 材质：首选食品级 304 不锈钢材质，此种材质磁铁吸不住，耐腐蚀易清洁。塑料及可被磁铁吸住的不锈铁材质，果汁易被氧化，机身容易被果汁腐蚀、生锈和产生细菌。

2. 功率：首选大功率榨汁机，推荐 800W 及以上功率，功率越大，转速越快，出汁率越高，且大于20 000转/分转速的榨汁机，能够破壁水果细胞膜，释放更多营养，口感也更好。

3. 刀网设计：刀网属于易磨损部件，目前家电业已经推出具有镀钛涂层的刀网，极大的提高刀网的硬度和使用寿命。刀网的直径也是一条重要指标，直径大的刀网能够持续保持出汁率，直径小的刀网易被果汁堵塞，不能持久榨汁。

4. CCC认证：榨汁机属于强制3C认证产品，购买时一定辨别清楚产品是否有3C认证，避免买到劣质产品，带来安全隐患。

在本书介绍各种蔬果汁的制作方法时，将各种榨汁机械统一称为榨汁机。

五、榨汁机如何清理保养

1. 榨完果汁后，将榨汁机与电源断开，分离杯桶与主机。先把机器简单清理一下，不要让机器中的果渣等杂物凝结，以免给接下来的清洁带来一定的麻烦。

2. 有条件的可将刀头拆卸下来，但次数不宜过于频繁。刀头处容易缠绕水果及其他食材的纤维或残渣，应先顺着缠绕的方向将残渣拽出，再用水冲洗。

3. 家里有废旧的小毛刷或牙刷千万不要丢弃，它们在清理榨汁机小地方的时候别具功效，这样清洁的效果更好。

4. 外观的清洁比较简单，用洁净抹布擦拭即可，切记不能用水冲洗，或者用硬物刮洗，以免造成表面伤害。底座不能浸入水中，以免电机的绝缘部分被破坏。

各种榨汁机都有清理保养说明，仔细阅读照办即可。

六、榨汁机的使用技巧

制作蔬果汁之前，需要掌握选材方法和制作要点。只要掌握了这些诀窍就可以做出非常美味的蔬果汁了！

食材投入榨汁机时有何窍门呢?

往榨汁机加入紫苏、芹菜等食材时,会出现不容易投入或者堵塞的情况。添加小片叶菜时,可以用卷心菜、莴苣等大叶菜将其包裹住,然后再投入加料口。

蔬菜和水果,哪一类先加入榨汁机呢?

先加哪一类都可以。但像菠菜、茼蒿等容易堵塞的蔬菜可以先加入榨汁机,橘子、苹果等水分含量高的水果可以稍后再加入。

遇到搅拌机出现无法正常运转时,怎么办呢?

刀片不转动或空转时,用双手托起搅拌机,轻轻上下晃动一下,就可以恢复正常。

此外,还会因为原料放入过多,安全装置自动启动而导致机器无法正常运转。这种情况下,减少原料的分量,按下重启键,便可正常工作了。

遇到料理机无法正常运转时,怎么办呢?

料理机无法正常工作时,首先关闭电源,用长筷子将原料充分搅拌,然后再重新开启电源。如果仍无法正常运转时,请再添加少量水分。

料理机需运转多久呢?

不同品牌的料理机、不同的原料,其具体运转时间也不尽相同。首先,先运转 20 秒,确认一下粉碎情况,如果觉得不够满意,可以再次运转。如果用料理机打磨时间过长的话,会破坏原料的营养成分,因此要尽量缩短时间。

使用搅拌机和料理机时，加多少水才算合适呢？

搅拌机和料理机需要适量的水分，具体需求量还应视原料水分含量和成熟程度而定。

七、榨汁原料的准备

蔬菜和水果很容易腐烂。在榨汁前把香蕉、胡萝卜、苹果、香芹、草莓等清洗干净，切成可放入榨汁机进料口大小的块，然后将这些原料分别放入保鲜袋，再放进冰箱保存。想喝蔬果汁的时候，把这些原料取出来榨汁即可。

八、哪些食材需要预先处理

南瓜、地瓜、牛蒡、藕等都可以做成蔬果汁。用这些食材榨汁之前，先用微波炉加热一下，再放入榨汁机，可以方便榨汁机榨取，榨出更多的汁。

也可冷却后放入冷藏专用的保鲜袋，从袋子上方用手压碎。将空气挤出后密封，放入冷冻室冷冻，可以保存一个星期。

马铃薯、地瓜也可以整块煮熟，然后去皮。冷却后放入冷藏专用的保鲜袋，从袋子上方用手压碎。挤出空气后密封，放入冷冻室冷冻，可以保存一个星期。

牛蒡和藕等可以先研磨成泥，过滤后再用来制作果汁。把洋葱煮出的汁作为蔬菜汁提取物保存起来，想喝蔬果汁的时候就把它拿出来做一杯。

也可以将南瓜、花椰菜等焯过后放进冰箱保存，以备榨汁时使用。

胡萝卜可以切成1厘米的小丁，煮熟。因为胡萝卜表皮具有丰富的营养价值，建议连皮一起食用，但要将表皮仔细清洗干净。也可以用微波炉加热，冷却后放入冷藏专用的保鲜袋。将空气挤出后密封，放入冷冻室。使用时无须解冻，仅从保鲜袋取出需要的分量放入榨汁机即可。

九、制作蔬果汁的小技巧

巧用柠檬

一般蔬果均可自由搭配，但有些蔬果中含有一种会破坏维生素C的酶，如胡萝卜、南瓜、小黄瓜、香瓜与其他蔬果搭配，会破坏其他蔬果的维生素C。但这种酶易受热、酸的破坏，所以在自制蔬果汁时，加入像柠檬这类较酸的水果，可使维生素C免遭破坏。

用自然的甜味剂

如果打出来的蔬果汁口感不佳，饮用时可适当添加蜂蜜或柠檬汁等调味。有些人喜欢加糖来增加蔬果汁的口感，但糖分解时会增加B族维生素的损失及钙、镁的流失，降低营养成分。

巧妙搭配

在家自己制作蔬果汁，刚开始可以先选择适合自己身体需要和口味的品种，在积累一定的经验之后，可以不必完全遵循固定的模式，只要掌握蔬果搭配和调味的技巧，就可

以按照自己的喜好来搭配。在原料中加入自己喜欢的果汁或调料(如蜂蜜、糖、牛奶、酸奶等),就能制作出可口的蔬果汁。

充分利用市面上已加工好的食材

例如,感觉用洋葱等食材制作的蔬果汁很难喝时,可以加点带甜味的原料,比如,利用市场上卖的果汁就是个不错的选择。市场上的果汁有100%纯天然的,做蔬果汁的时候可以充分利用这些现成的果汁。

第二章　蔬果汁食材及营养成分

蔬菜和水果到底有哪些营养成分，这些营养成分对人体究竟有什么作用和效果？如果我们知道了这些，并将各种食材进行正确的组合，就能制作出很多种类的健康果汁。

一、蔬菜类

胡萝卜

胡萝卜因富含β-胡萝卜素，所以拥有鲜艳的橙色。β-胡萝卜素可以修复皮肤和黏膜，具有美肤作用。

β-胡萝卜素还具有良好的抗氧化作用，可以提高人体免疫力，预防癌症以及不良生活习惯造成的疾病。此外，胡萝卜还富含维生素C、钾元素、膳食纤维，是日常膳食不可或缺的健康蔬菜。

生吃100克胡萝卜对一般人来说，是件难以做到的事情。但是，做成蔬果汁之后，就可以轻松饮用了。饮用胡萝卜汁，可以品尝到胡萝卜特有的味道，因此，胡萝卜是制作蔬果汁最基本的食材之一。

生的胡萝卜中有一种破坏维生素C的分解酶。为了防止维生素C被破坏，适量加入柠檬汁或醋等，可以抑制分解酶。

胡萝卜几乎可以与任何一种食材搭配，但首选是柑橘类水果，还可以与牛奶、豆浆搭配。

萝　卜

萝卜含有丰富的消化酶，众所周知，其丰富的淀粉酶有助于淀粉消化，提高肠胃的消化功能。氧化酶除了可以促进蛋白质和脂肪的消化，还有保护胃黏膜的作用。

另外，辣味成分亚硝酸胺还具有抗癌的作用，可以说萝卜是保持肠胃健康不可或缺的蔬菜。萝卜还富含维生素C以及有助于排泄体内多余的钠元素、保持血压正常的钾元素。

加热会破坏淀粉酶和维生素C等营养成分，因此，榨汁才是最理想的食用方法。

中医认为萝卜属寒性蔬菜。加热后，凉性减少，因此，体寒者过多饮用生鲜萝卜汁，会引起身体不适，因此要多加注意。

萝卜味道比较清淡，与任何食材搭配都可以制作出美味的蔬果汁。推荐与苹果、西红柿、柑橘类搭配。

西红柿(番茄)

西红柿即番茄，果实营养丰富，具特殊风味。可以生食、煮食、加工制成番茄酱、汁或整果罐藏。番茄是全世界栽培最为普遍的果菜之一。

西红柿含有丰富的胡萝卜素、番茄红素。番茄红素大量存在于熟透的西红柿，因此，制作蔬果汁或做菜时，要选用熟透的西红柿。

一般人都以为维生素 E 对消除活性氧是很有作用的，可是实际上经过研究，发现番茄红素消除活性氧的能力是维生素 E 的 100 倍，胡萝卜素则是维生素 E 的 50 倍左右。

西红柿不宜生吃，尤其是脾胃虚寒及月经期间的妇女。西红柿含有大量可溶性收敛剂等成分，与胃酸发生反应，凝结成不溶解的块状物，容易引起胃肠胀满、疼痛等不适症状。如果只把西红柿当成水果吃补充维生素 C，或盛夏清暑热，则以生吃为佳。

不宜空腹吃。空腹时胃酸分泌量增多，因西红柿所含的某种化学物质与胃酸结合易形成不溶于水的块状物，食之往往引起腹痛，造成胃不适、胃胀痛。

西红柿可以与青菜或根菜、柑橘类、苹果、鳄梨等搭配。添加少量橄榄油等油分，可以提高番茄红素和钾元素的吸收率。

卷心菜

卷心菜，又名圆白菜、包心菜、莲花白等。

卷心菜中含有丰富的维生素 C，以及钾元素、膳食纤维等，其中外侧深色菜叶还含有丰富的 β-胡萝卜素。

卷心菜的防衰老、抗氧化的效果与芦笋、菜花同样处于较高的水平。卷心菜的营养价值与大白菜相差无几，其中维生素 C 的含量还要高出一倍左右。此外，卷心菜富含叶酸，这是甘蓝类蔬菜的一个优点，所以，怀孕的妇女及贫血患者应当多吃些卷心菜。多吃卷心菜，还可增进食欲，促进消化，预防便秘。卷心菜也是糖尿病和肥胖患者的理想食物。

另外一个显著的特征是，卷心菜内含有有助于伤口血液凝固、钙元素代谢的维生素K。卷心菜中还含有钙，有利于预防骨质疏松症。

维生素U、维生素C、维生素K一经加热就会流失，因此生食才是最佳方式。

卷心菜中含有异硫氰酸盐，这是一种十字花科蔬菜中含有的特殊物质，这种辛辣的物质据说有良好的抗癌作用。生吃卷心菜，身体能更好地吸收异硫氰酸盐。

可以和菠菜、胡萝卜、苹果以及橙子等柑橘类搭配。

芹 菜

芹菜，属伞形科植物。有水芹、旱芹两种，功能相近，药用以旱芹为佳。旱芹香气较浓，又名香芹。

古代希腊人和罗马人用于调味，古代中国亦用于医药。古代芹菜的形态与现今的野芹菜相似。在欧洲文艺复兴时期，芹菜通常作为蔬菜煮食或作为汤料及蔬菜炖肉等的佐料；在美国，生芹菜常用来做开胃菜或沙拉。

与其他蔬菜相比，芹菜所含有的维生素C、维生素B等的含量并不多，但含有丰富的钙、钾等微量元素及膳食纤维。

芹菜叶中β-胡萝卜素和维生素的含量比茎多，营养价值也不容忽视。因此，制作蔬果汁时，芹菜茎和叶都要充分利用。

中医认为芹菜有降压、健胃和利尿作用。芹菜属寒性蔬菜，因此，体寒者请避免过多食用。

不习惯芹菜特殊香味的人，可以搭配橙子、香橙等香味较浓的水果或者搭配味道温和的牛奶，也可以和其他蔬菜

搭配。

西兰花

西兰花与卷心菜同属十字花科，其最大的特征就是绿色浓郁，是一种营养价值极高的蔬菜。其维生素C的含量居黄绿色蔬菜类前列，富含具有抗氧化作用的β-胡萝卜素和维生素E，因此，可以清除体内自由基，具有抗衰老的作用。此外，还富含钾、钙、膳食纤维等营养物质。

西兰花中富含植物化学元素，其中最受关注的就是萝卜硫素，它不仅具有抗氧化作用，还可以抵御致癌物质侵入细胞，因此，西兰花是一种优秀的抗癌蔬菜。萝卜硫素大量存在于西兰花嫩芽中。

西兰花中除了含有萝卜硫素，还含有其他近200种植物化学素。这些化学素相辅相成，共同发挥抗癌作用。

西兰花的茎中含有丰富的营养物质，一定不要浪费。

甜　椒

甜椒是辣椒的同类，但是比辣椒肉厚，没有异味，且甜味较大。未成熟的甜椒呈绿色，成熟的甜椒便变成黄色、红色了。从营养上来说，甜椒维生素C的含量是辣椒的2倍，而且果肉较厚，不易损坏。胡萝卜素含量也很丰富，有提高免疫力、美容、抗衰老的作用。另外，甜椒中还含有钾、膳食纤维、具有造血作用的叶酸等。成熟的红色甜椒中还含有红色成分——辣椒红，其具有良好的抗氧化作用，对预防癌症和动脉硬化等有较好功效。

几乎可以与所有蔬菜、水果搭配。与香蕉、杧果、蓝莓、

茼蒿等多酚含量丰富的食材搭配，可以提高辣椒醇的作用。

另外，胡萝卜素和油脂一起食用，才能提高胡萝卜素的吸收率。因此，建议搭配含有脂肪的鳄梨、芝麻、坚果、牛奶等制作蔬果汁。甜椒适合与橄榄油搭配，加入几滴橄榄油会更好。

秋　葵

秋葵又名黄秋葵、羊角豆、毛茄等，民间也称“洋辣椒”。原产于非洲，20 世纪初由印度引入中国，多见于中国南方。其可食用部分是果荚，分绿色和红色两种，口感脆嫩多汁，滑润不腻，香味独特，种子可榨油。

秋葵含有丰富的维生素和矿物质，每 100 克秋葵的嫩果中，约含有 4 毫克的维生素 C、1.03 毫克的维生素 E 以及 310 微克的胡萝卜素。秋葵中富含的锌和硒等微量元素，对增强人体防癌抗癌能力很有帮助。其次，秋葵嫩果中有黏黏的液体物质，这种黏液含有果胶和黏多糖类等多糖。黏多糖具有增强机体抵抗力，维护人体关节腔里关节膜和浆膜的光滑效果，削减脂类物质在动脉管壁上的堆积，避免肝脏和肾脏中结缔组织萎缩等功效。秋葵含水量高，脂肪很少，每 100 克秋葵嫩果只含有 0.1 克脂肪，很适合想要减肥瘦身的女士，而且它富含的维生素 C 和膳食纤维，还能使皮肤嫩白。

黄　瓜

黄瓜，又叫青瓜。其肉质脆嫩、汁多味甘。含有丰富的维生素 E 和黄瓜酶，有很强的生物活性，能有效地促进机体

的新陈代谢。

黄瓜 95%的成分是水，含有维生素 C 和胡萝卜素，但是含量很低，而钾含量丰富。充足的水分有利尿作用。古代黄瓜就是很好的消除水肿、倦意的食材，还被用于急性肾炎、膀胱炎、宿醉等的应急处理中。此外，中医食疗上认为，黄瓜有冷却身体的作用，将体内多余的热气冷却，还有润喉的功效。

黄瓜中所含的丙醇二酸，可抑制糖类物质转变为脂肪。此外，黄瓜中的纤维素对促进人体肠道内腐败物质的排除，以及降低胆固醇有一定作用。

黄瓜与胡萝卜一样，含有维生素 C 分解酶。酶与擦菜板之间会产生分解维生素 C 的作用，因此，制作蔬果汁时，要添加醋或柠檬汁，抑制其分解。

苦 瓜

苦瓜正如其名，最大的特点就是其独特的苦味。苦瓜中的苦味成分苦瓜甙和奎宁具有降血糖、降胆固醇、保持血压正常、促进胃液分泌的作用。

苦瓜虽味苦，但其清凉，故南方人喜食。可用鲜苦瓜捣汁饮或煎汤服，清热作用更强。

苦瓜营养非常丰富，其中维生素 C 的含量居瓜类蔬菜之首，且糖和脂肪的含量都非常低，比较适合肥胖者食用。

因苦瓜属于寒性蔬菜，体寒者请注意不要过量食用。

与甜味的水果搭配可以中和苦瓜的苦味。尤其是香蕉、菠萝、木瓜等同样盛产于热带的水果搭配最佳。

另外，与牛奶、酸奶等含有蛋白质的食材搭配制作果

汁，维生素C可以促进蛋白质的吸收，有助于激活皮肤的新陈代谢。可对抗夏季日晒，起到很好的美肤作用。

菠 菜

菠菜与胡萝卜一样，都是营养价值较高的蔬菜。菠菜富含抗氧化作用的维生素C和β-胡萝卜素、B族维生素以及强健骨骼所必需的钙和膳食纤维，是黄绿色蔬菜的代表蔬菜之一。

菠菜富含钾、铁、锌、镁等微量元素。其中，铁与维生素C搭配有助于提高吸收率，因此，富含这两种营养元素的菠菜有助于改善贫血症状。此外，菠菜还含有具有造血功能的叶酸，以及防止眼睛老化的黄体素等色素。

菠菜中的涩味成分主要是草酸，过多摄入草酸会导致结石，但是，榨成汁后饮用，就没有这方面的问题了。

因为菠菜有一种青菜特有的涩味，因此最好是搭配味道比较温和的苹果、柑橘类水果。也可以和西兰花等黄绿色蔬菜搭配。

和牛奶等食材搭配味道也非常好，而且牛奶中的钙可以预防骨质疏松症，牛奶中的脂肪可以促进菠菜中胡萝卜素的吸收。菠菜还可以搭配芝麻。

南 瓜

维生素C、维生素E和β-胡萝卜素被称为三大抗氧化维生素，能够抑制体内自由基的产生，防止类脂质氧化，有抗癌作用。南瓜中这三种维生素的含量非常均衡，而且南瓜中所含的维生素C具有遇热后不宜被破坏的特征。

冬季比较适合食用南瓜，因为摄取足够的维生素能抵御寒冷。南瓜中含有丰富的维生素E，具有暖身作用。中医将具有促进血液循环、暖身作用的食物称为热性食物。南瓜可以改善体寒、肩酸等症状。南瓜与牛奶、脱脂奶粉搭配较好。也可以和橘子等柑橘类水果搭配。加入芝麻、橄榄油等，可以促进胡萝卜素的吸收。

此外，南瓜中还含有维生素B_1、维生素B_2、钾、钙、铁、膳食纤维。其中，膳食纤维有助于降低胆固醇，改善便秘。南瓜无论是榨汁还是烹调，营养元素都可被很好地吸收。

二、水果类

苹果

苹果，其味道酸甜适口，营养丰富。苹果所含的营养既全面又易被人体消化吸收，所以，非常适合婴幼儿、老人和病人食用，属于大众都能接受的水果之一。吃苹果既能减肥，又能帮助消化。

苹果中含有多种维生素、矿物质、糖类、脂肪等，是构成大脑所必需的营养成分。更重要的是富含锌元素，可以提高人体免疫力。常吃苹果可以减少血液中胆固醇含量，增加胆汁分泌和胆汁酸功能，因而可避免胆固醇沉淀在胆汁中形成胆结石。

苹果的维生素含量并不高，但是却含有一种果胶膳食纤维。果胶能增加肠道内的益生菌，有助于通便，还可以预防大肠癌。此外，可以防止胆汁酸的吸收，降低形成胆汁酸的胆固醇含量。钾含量也很丰富，有降压的作用。

苹果中的酸味成分苹果酸和柠檬酸，能够分解、燃烧造成身体疲惫的酸性物质，对缓解疲劳效果显著。苹果可以和任何蔬菜、水果搭配，是制作蔬果汁不可缺少的原料。

香蕉

香蕉富含胡萝卜素、B族维生素、维生素C、维生素E、果胶、钙、磷、铁、镁，其含钾量为果类之冠，能清脾滑肠、止泻止痢、清热解毒、辅治便秘痔疮。此外，香蕉还可帮助大脑制造血清素，让人心情愉悦、头脑清醒。

香蕉中的膳食纤维利用果胶和糖类增加肠道内的双歧杆菌，增强肠道的消化功能，改善肠道环境。

香蕉与苹果、橙子等柑橘类、杏子等水果搭配，味道较好。和牛奶、酸奶、脱脂奶粉等乳制品搭配，味道也不错。与芦荟、卷心菜搭配，可以制作出味道温和的蔬果汁。

香蕉中水分含量较少，而且比较柔软，不适合使用榨汁机。可以使用搅拌机或料理机制作蔬果汁。

草莓

草莓富含维生素B_1、维生素B_2、维生素C、胡萝卜素、钙、磷、铁、钾、有机酸、果胶、草莓胺，能润肺止咳、健脾、补血固肾、强健神经、清热凉血、减肥，适宜脾胃虚弱、消化不良、食欲不振、月经失调等患者食用。

维生素C具有抗氧化作用，可以提高身体抵抗力，预防感冒，具有美容、抗癌的功效。草莓中的膳食纤维利用番茄红素，能产生优于β-胡萝卜素的抗氧化作用。草莓通体为宝

石般的红色，这也正是它的诱人之处，这种红色色素与葡萄中含有的色素一样，都属于花青素的一种。与各类花青素相同，都具有抗氧化作用。

与橙子等柑橘类以及蓝莓、树莓等搭配味道较好。推荐与牛奶、蛋黄搭配制作奶昔。

橙　子

橙子的栽培历史悠久，以其果皮含有芳香气味，古人用它作薰香代品。橙子削完皮立即榨汁，汁水充足，非常适合制作果汁。

澳大利亚联邦科学和工业研究组织发现，每天吃柑橘类水果，还可以使中风的发生率降低19%。柑橘类水果是水果第一大家族，包括橙子、橘子、柚子、葡萄柚、金橘、柠檬等多个品种。其中橙子传统上被看作是西方膳食当中维生素C的主要供应来源，也能提供相当数量的胡萝卜素和钾、钙、铁等矿物质。

通过维生素C的抗氧化作用，可以强健皮肤和黏膜，还有防感冒、防癌症等作用。橙子的酸味成分主要是柠檬酸，对缓解疲劳有很好的作用。

其特有的香味是柑橘类水果特有的成分——芋烯，它可以抑制致癌基因的活动，促进血液循环，增强身体新陈代谢。白色的橙络和果瓣皮中含有维生素P，与维生素C共同作用，可以强健毛细血管，降低血压。

基本上能和任何食材搭配，与草莓、木瓜搭配，制作成颜色浓重、美味的果汁。与胡萝卜、西兰花、荷兰芹等有特殊香味的蔬菜搭配，蔬果汁口感温和，更加适合饮用。

葡　萄

大约5000年前人们就开始栽培葡萄，葡萄是在世界各地被广泛种植的水果之一。

葡萄富含葡萄糖、果糖、有机酸、黄酮类物质、B族维生素、维生素C、维生素D以及磷、钙、铁、钠、钾、锌等微量元素，能补血安神、滋肾益肝、帮助消化、排毒、抗氧化、利尿。

葡萄中含有丰富的可迅速转化成能量的葡萄糖和果糖，有迅速缓解疲劳的作用，因此建议在容易出现困乏的秋季食用。果核和果皮中含有多元酚物质花青素，具有良好的抗氧化作用，还可以改善视力、抗衰老、提高免疫力。

果皮中花青素的含量高于果核，因此食用时要连同果皮一起食用，榨汁时也要连同果皮一起榨。

葡萄可以分为黑色果皮的巨峰、红色果皮的红巴拉蒂、绿色果皮的麝香。具有抗氧化作用的花青素是黑皮和红皮中的紫色成分。颜色越浓的品种，花青素含量就越多。

与牛奶、酸奶等乳制品搭配味道极佳。也可以与苹果、桃子搭配。另外，巨峰和麝香两个品种的葡萄搭配也比较好。

葡萄柚

葡萄柚因为像葡萄一样结种子，故得此名。与其他的柑橘类水果一样，含有丰富的维生素C。用一个葡萄柚（约300克）榨出的汁便可满足身体一天所需的维生素C。

果瓣皮中丰富的膳食纤维利用果胶降低血液中的胆固醇，改善肠道环境。果瓣皮和白色的橘络还含有维生素P。

独特的苦味成分类黄酮物质——柚皮甙，具有分解血液中的中性脂肪、预防肥胖的作用。

红色果肉的葡萄柚含有与西红柿相同的番茄红素，具有较强的抗氧化作用。还含有丰富的胡萝卜素，可以提高免疫力。这种葡萄柚营养价值比白色种子的要高。

与苹果等水果搭配可以提高营养价值。与菠菜等黄绿色蔬菜搭配，葡萄柚特有的酸味可以中和蔬菜的涩味，口感更加温和，更适合饮用。

柠 檬

柠檬中维生素C的含量在水果中名列前茅，两个柠檬中维生素C的含量便可满足身体每日所需。

柠檬中黄色成分橘皮甙有助于促进维生素C发挥作用，可以强化毛细血管，预防高血压和动脉硬化。

柠檬的一大特点就是很酸。酸味成分主要是柠檬酸，可以分解疲劳物质——乳酸，促进新陈代谢，有助于消除疲劳。

柠檬酸具有防止和消除皮肤色素沉着的作用，爱美的女性宜常食用。

注意，柠檬一般不生食，而是加工成饮料或食品。如柠檬汁、柠檬果酱、柠檬片、柠檬饼等，可以发挥同样的功效，如提高视力及暗适应性，减轻疲劳等。

柠檬味极酸，易伤筋损齿，不宜食过多。牙痛者忌食，糖尿病人亦忌。另外，胃及十二指肠溃疡或胃酸过多患者忌用。

柠檬的果肉味道较酸，基本上都用作制作蔬果汁时的

配料。柠檬较强的酸味会增加胃的负担，因此肠胃虚弱者要多加注意。与蜂蜜一起搭配，可以中和酸味，口感较温和，而且还增加了糖分，有利于帮助身体恢复活力。

柠檬与橙子、苹果等甜味水果搭配较好。去除蔬菜中的异味，抑制维生素C分解酶，柠檬汁必不可少。

橘　子

橘子是柑橘类水果的一种。维生素C、钾的含量自不必多说，胡萝卜素含量与其他柑橘类水果相比要多出很多。通过维生素C和胡萝卜素的抗氧化作用，可以击退自由基，起到抗癌、抗衰老的作用。

橘子的果瓣皮和橘络中含有丰富的维生素P(橘皮甙)。因为橘皮甙可以强化血管壁，所以说有预防动脉硬化的作用。果瓣皮和橘络中还含有丰富的膳食纤维果胶，起到促进肠道功能，消除便秘的作用。

橘子的色素基本上都是隐黄质，其强大的抗癌作用，正备受关注。

橘子等柑橘类都是寒性食物。体热时可以饮用柑橘类果汁补充水分。体寒者请注意不要饮用过量。

橘子皮晒干后叫做“陈皮”，中医用陈皮止咳、止吐，还用于治疗感冒。而且，把皮装在袋子里还可以泡澡时使用。陈皮可以暖身、缓解肌肉疲劳、缓解肩酸。

橘子没有特殊的气味，可以和任何蔬菜、水果搭配。建议与菠菜、芹菜等有特殊气味的蔬菜搭配。

柑 橘

柑橘类水果能够抗氧化，强化免疫系统，抑制肿瘤细胞生长，并使肿瘤细胞转变成正常细胞。澳大利亚的科学家称，在所有的水果当中，柑橘类中所含的抗氧化物质最高，其中有170种以上的植物化学物质，包括60多种黄酮类物质，还有17种类胡萝卜素。黄酮类物质具有抗炎症、抗肿瘤、强化血管和抑制凝血的作用，类胡萝卜素则具有很强的抗氧化功效。

柑橘果实营养丰富，色香味兼优，既可鲜食，又可加工成以果汁为主的各种加工制品。柑橘的一大特征是头顶上有个像瘤子一样的凸起物。

柑橘皮非常薄，易于剥落。柑橘甜味很强，果汁也很丰富，吃起来脆脆的，口感较好，是广受欢迎的水果。营养方面与其他柑橘类水果一样，也是维生素C含量丰富。维生素P和芳香成分、膳食纤维的含量也很丰富，有预防癌症、预防动脉硬化、预防感冒、美容的作用。榨汁时，要将果瓣皮一起放入，这样才可以高效摄取营养物质。

可与蓝莓、树莓搭配制作出味道香甜，营养丰富的果汁。与菠菜、荷兰芹等黄绿色蔬菜搭配，可以有效中和蔬菜特有的青涩味。因含有丰富的果汁，还可以为身体补充水分。

柿 子

柿子原产地在中国，分布较广，栽培已有1 000多年的历史。柿子有甜柿和涩柿之分，涩柿不可生食，因此，常常

被制作成去除了涩味的柿子干。

甜柿营养价值极高，富含维生素 C，有助于提高身体抵抗力。其中隐黄素具有抗氧化作用，可有效预防癌症。另外，还富含钾、膳食纤维等，有预防感冒、预防高血压的作用。生柿子属于寒性水果，因此，体寒者不宜多食。消除了涩味的柿子干其寒性较小，因此请根据自己体质挑选柿子品种。

与牛奶、豆浆、脱脂奶粉搭配风味俱佳。与萝卜、胡萝卜、菠菜等蔬菜搭配，味道也不错。柿饼还可以与橘子搭配。

梨

梨的含水量达 83%～89%，蛋白质含量为 0.1%～0.6%，富含 B 族维生素、维生素 C 及钙、镁、磷、钠、铁、钾、锌等微量元素，能生津止渴、润燥化痰、润肠通便、清热排毒。

梨含有丰富的果糖，能迅速缓解疲劳。梨含膳食纤维和能够利便的山梨糖醇成分，起到预防便秘的作用。

中医认为，梨汁有缓解热伤风、咳嗽的作用。梨汁口感好，非常适合榨汁饮用。

梨果皮粗糙感（茶色的斑点）减少，手感变好，变得较光滑时，是最好的食用时间。此外，梨属于寒性食物，要注意不要食用过多。

与胡萝卜、苹果都可搭配，与黄瓜、芹菜、西兰花等绿色蔬菜搭配，味道也是出奇的鲜美。需要添加水分时，可以加入豆浆。

注意：服用糖皮质激素后不宜食用；服用磺胺类药物和碳酸氢钠时不宜食用；不宜与鹅肉、蟹肉同食；食后不宜喝

开水(易致腹泻);忌多吃;忌与油腻、过于冷热之食物同食。

西 瓜

西瓜富含番茄红素、维生素 B_1、维生素 B_2、维生素 C、葡萄糖、蔗糖、苹果酸、谷氨酸和精氨酸等,有利于清热解暑、利小便、降血压。

西瓜 90%以上是水分,非常适合夏季补充水分、消暑之用。

西瓜中含有丰富的具有利尿作用的钾和瓜氨酸,可以预防水肿和宿醉。

此外,红色的果肉中富含 β-胡萝卜素和番茄红素,这些成分有很好的降压效果,因此,可以用来预防高血压。

番茄红素有较强的抗氧化作用,不仅可以抗癌,还可以提高呼吸系统的免疫力。

但是,果肉是黄色的西瓜中,并不含有番茄红素。这类品种的西瓜和红色瓜瓤西瓜相比,口味较清淡,经过改良含糖量较高。

与西红柿搭配,可以制作出味道清爽的蔬果汁。另外还可以与橙子、桃、甜瓜等水果搭配。也可以与鳄梨、番石榴等有特殊味道的食材搭配。

杧 果

杧果肉质呈金黄色,味道香甜,无纤维感,口感极佳。杧果的营养价值很高,含有丰富的维生素、矿物质及氨基酸,尤其是β-胡萝卜素含量极其丰富。此外,杧果中还含有利便的钾和膳食纤维,非常适合女性食用。

杧果属于漆树科果实，果汁沾到皮肤上，可能会引起瘙痒，因此，过敏性体质应慎重食用。

与牛奶、酸奶等乳制品、椰汁等搭配，味道醇厚。还可以与菠萝、香蕉、橙子等热带水果搭配。与胡萝卜、西红柿、黄瓜、南瓜等蔬菜搭配也不错。

哈密瓜

哈密瓜性寒，味甘，含蛋白质、膳食纤维、胡萝卜素、糖类、B族维生素、维生素C及磷、钠、钾等元素。哈密瓜果肉有利小便、止渴、除烦热、防暑等作用，可调理发烧、中暑、口渴、口鼻生疮等症。

木 瓜

木瓜素有“百益果王”之称，熟透的木瓜，果皮会变成黄色，口感绵软，还散发着一股香气。榨成果汁后非常适合饮用，还能仔细品味到木瓜的香醇。

木瓜富含B族维生素、维生素C、木瓜蛋白酶及钙、钾、铁等元素，能健脾胃、清暑解渴、解毒消肿、润肺止咳、丰胸美颜。

木瓜中的黄色色素多是β-胡萝卜素和隐黄素，这些成分在体内可以转化成维生素A，起到预防癌症的作用。此外，木瓜中还含有具有造血功能的叶酸，可以预防感冒和贫血。

不习惯木瓜香味和甜味的人，饮用时可滴入柠檬汁，口感极佳。

与柑橘类搭配最好，还可以与蓝莓、梅脯等酸味食物搭配。另外，木瓜中的甜味可以中和水芹、苦瓜的特殊味道。

圣女果

圣女果，又称小西红柿，樱桃西红柿，樱桃番茄。

圣女果富含番茄红素、维生素 B_1、维生素 B_2、维生素 C、胡萝卜素以及钙、磷、钾、镁、铁、锌、铜、碘等多种矿物质，还含有糖类、有机酸、膳食纤维，能健胃消食、生津止渴、润肠通便。

圣女果中含有谷胱甘肽等特殊物质。这些物质可促进人体的生长发育，特别可促进小儿的生长发育，并且可增加人体抵抗力，延缓衰老。另外，番茄红素可保护人体不受香烟和汽车废气中致癌毒素的侵害，并可提高人体的防晒功能。圣女果所含的苹果酸或柠檬酸，有助于胃液对脂肪及蛋白质的消化。

一般人群均可食用，尤其适宜婴幼儿、孕产妇、老人、病人、高血压、肾脏病、心脏病、肝炎、眼底疾病等患者食用。经常发生牙龈出血或皮下出血的患者，吃圣女果有裨益。

圣女果不宜空腹食用，因为番茄果实中含大量果胶和木棉酚等成分，易与胃酸形成不溶性块状物，引起胃扩张和剧痛。不宜吃未成熟的青圣女果。因为青色的圣女果含有大量的有毒番茄碱，食用后会出现恶心、呕吐、全身乏力等中毒症状。而成熟呈红色后，番茄碱的含量就大为减少至消失

菠　萝

菠萝具有沁人心脾的酸甜味，富含可以加速新陈代谢的维生素 B 和钾，有助于缓解疲劳。柠檬酸可以分解引起

疲劳、乏力的乳酸，建议用来预防苦夏。

菠萝中含有丰富的能够分解蛋白质的菠萝蛋白酶。这种蛋白酶有助于消化、吸收，和肉类一同食用能促进消化，防止胃积食。

未成熟的菠萝含有一种入口火辣辣的成分，这种成分会引起消化不良。制作果汁时，一定要选用熟透的菠萝，还要注意一次不要过量饮用。

可以与杧果、桃子、葡萄等甜味较大的水果搭配。还可以与芹菜、苦瓜等蔬菜搭配，菠萝的甜味可以中和这些蔬菜的苦味。

未作加工处理的不宜食用；对菠萝过敏者不宜食用；不宜与蛋白质丰富的牛奶、鸡蛋等同时食用；服用维生素K及磺胺类药物时不宜食用。

猕猴桃

猕猴桃表皮生长着褐色的果毛，因猕猴喜食，因此得名。

猕猴桃富含维生素C、B族维生素、维生素D及钙、磷、钾、镁、铁、锌等微量元素，能解热、止渴、利尿、通便、帮助消化、促进生长激素分泌，帮助伤口愈合。常食用猕猴桃果肉和汁液，有降低胆固醇及甘油三酯的作用。

猕猴桃的维生素C含量在水果中名列前茅，每天食用一颗猕猴桃便可摄取到每日身体所需维生素C的一半以上。

猕猴桃中含有良好的膳食纤维——果胶，可以快速清除肠道内堆积的有害代谢物，而且可以帮助防止、消除便秘。接近果皮的位置含有促消化作用的蛋白酶，所以制作

果汁时，果皮尽量削得薄一些。体寒者注意不宜过量食用。

可以与柑橘类、甜瓜、苹果等水果搭配。另外，与小松菜、卷心菜等叶菜搭配，可以制作出口味清爽的蔬果汁。猕猴桃中含有的果胶与牛奶搭配会产生轻微苦味。

鳄　梨

鳄梨也叫油梨，属樟科鳄梨属常绿乔木，是一种著名的热带水果，也是木本油料树种之一。果仁含油量 8%～29%，它的提炼油是一种不干性油，没有刺激性，酸度小，乳化后可以长久保存，除食用外，它也是高级护肤品以及 spa（水疗）的原料之一。

鳄梨果实为一种营养价值很高的水果，含多种维生素、丰富的脂肪酸和蛋白质，钠、钾、镁、钙等微量元素含量也高，营养价值与奶油相当，有“森林奶油”的美誉。

鳄梨含有大量的酶，有健胃清肠的作用，并具有降低胆固醇和血脂，保护心血管和肝脏系统等重要生理功能。

它含有丰富的甘油酸，润而不腻，是天然的抗氧衰老剂，它不但能软化和滋润皮肤，还能收细毛孔，皮肤表面可以形成乳状隔离层，能够有效抵御阳光照射，防止晒黑晒伤。

鳄梨必须新鲜开新鲜吃，否则很快氧化变黄，即使加了柠檬汁也没用。

鳄梨有滋补身体、消除疲劳的作用，但其热量较高，减肥人士请酌量食用。

与草莓、香蕉、甜瓜、橙子等水果搭配较好。与牛奶、酸奶等乳制品搭配，味道醇厚。还可以与核桃等坚果类食物搭配。鳄梨制作出的果汁较为黏稠。

蓝　莓

蓝莓含有丰富的营养成分，具有良好的营养保健作用，对防止脑神经老化，强心、软化血管、增强人体免疫力有一定功效。

蓝莓富含一种多酚——花青素。花青素具有超强的抗氧化作用，可以缓解眼部疲劳、改善视力、预防高血压，让皮肤变得更加有弹性、有光泽，还具有一定的抗癌的作用。此外，丰富的膳食纤维还可以解决便秘问题。

蓝莓表面上有一层白色的粉状物，这是判断新鲜的标准，它有保持新鲜的作用。不食用时一定不要洗掉这层白粉。

牛奶、豆浆、酸奶是非常合适的搭配原料。还可以与杧果、香蕉、草莓等搭配。蓝莓和树莓两种水果也可以搭配在一起。

香　瓜

香瓜含有苹果酸、葡萄糖、氨基酸、甜菜茄、维生素 C 等营养成分，对感染性高烧具有辅助调理效果。香瓜含大量糖类及柠檬酸，且水分含量高，适量饮用香瓜汁可消暑清热、生津止渴、除烦。

三、其他类

酸　奶

酸奶中保存了牛奶的营养成分，其特有的乳酸菌有助于增加益生菌，减少有害细菌，保持肠道环境平衡。另外，一部分蛋白质经乳酸菌分解成氨基酸和肽，与牛奶相比，更易被人体吸收。酸奶能够促进肠道功能，增强新陈代谢，起到美容、抗衰老的作用。制作果汁时，建议使用无糖酸奶。

牛　奶

牛奶是制作果汁不可缺少的配料，其含有丰富的蛋白质和钙，不仅可以强健骨骼，还可以促进维生素和铁的吸收，并起到安神的作用。牛奶几乎和所有的原料都可搭配，因此，制作果汁时，可用牛奶替代水。

豆　浆

豆浆是中国人民喜爱的一种饮品，又是一种老少皆宜的营养食品，享有“植物奶”的美誉。豆浆营养非常丰富，且易于消化吸收。

豆浆含有丰富的植物蛋白和磷脂，还含有维生素 B_1、B_2 和烟酸。此外，豆浆还含有铁、钙等矿物质，尤其是其所含的钙，虽不及豆腐，但比其他任何乳类都高，非常适合于各种人群饮用。

豆浆是高血脂、高血压、动脉硬化等疾病患者的理想食

品。常喝鲜豆浆有助于预防老年痴呆症和气喘病。豆浆对于贫血病人的调养，比牛奶作用要强，以喝热豆浆的方式补充植物蛋白，可以使人的抗病能力增强，调节中老年妇女内分泌系统，减轻并改善更年期症状，延缓衰老，减少青少年女性面部青春痘即痤疮的发生，使皮肤白皙润泽，还可以达到减肥的功效。

豆浆口感较好，适合饮用，还可以与苦味较强的蔬菜和水果搭配制作成易于饮用的蔬果汁。

人们经常会提到“豆浆减肥疗法”，确实，豆浆能够防止肥胖。这是因为皂草苷能够促进类脂质的代谢，还能将身体吸收的葡萄糖转化成脂质，防止其储存在脂肪细胞中。

醋

醋中的酸味成分柠檬酸和醋酸能够促进胃液分泌，起到增加食欲、促进消化的作用。醋有防止维生素 C 被破坏的作用，因此，非常适合与含有维生素 C 分解酶的胡萝卜等蔬菜和水果搭配。不习惯醋的酸味的人，建议使用果茶风味的苹果醋。

脱脂奶粉

脱脂奶粉是将牛奶中的脂肪去除，提炼而成的粉末状物质。丰富的蛋白质和钙含量几乎与牛奶的营养价值相同。因其几乎不含脂肪，热量较低，非常适合减肥人士食用。当然，也非常适合补钙和预防骨质疏松症。

蜂 蜜

蜂蜜容易消化吸收,可瞬间缓解疲劳。蜂蜜中含有丰富的钙等矿物质以及可缓解疲惫的维生素和泛酸等,能起到安神的作用。加入到有涩味的食材中,蜂蜜的甘甜味道可以使涩味趋于温和。

大 蒜

大蒜中含有味道刺激的蒜素,蒜素有杀菌、抗菌作用,把大蒜切碎或用擦菜板磨成蒜泥,蒜素吸收率便会增加,能够起到驱除体内病毒的作用。此外,大蒜中的蒜素能够提高维生素 B_1 的吸收率,促进血液循环,起到驱寒暖身的作用。

生 姜

生姜性温,因其特有的香味和辣味被用于各种菜肴的烹调中。生姜特有的姜辣素有促进血液循环的作用,有助于预防感冒、改善体寒。此外,生姜含有 200 种以上的香气成分,能够促进唾液分泌,增加食欲。

核 桃

散发着芳香气味的核桃,蛋白质含量丰富,容易消化吸收。因核桃内所含的脂肪多是亚麻酸等优质的不饱和脂肪酸,因此,对预防生活习惯疾病、缓解疲劳、美容等能起到显著效果。但是,在所有坚果中,核桃的热量较高,不宜多食。

四、蔬果汁营养成分简析

维生素A

维生素A可以强健皮肤、鼻、喉、内脏等黏膜，增强身体抵抗力。其抗氧化作用较强，可以抗癌、抗衰老。

蔬菜和水果中维生素A是以胡萝卜素的形式存在，在人体内可以转化成维生素A。胡萝卜素广泛存在于黄绿色蔬菜和颜色较深的水果中。

维生素A能构成视网膜表面的感光物质，夜盲症就是缺乏维生素A引起的。长时间盯着计算机屏幕，会大量消耗维生素A。最常见富含维生素A的食物是动物内脏，但其含胆固醇较高，不适合大量食用。建议可以吃含β胡萝卜素多的食物，比如胡萝卜、菠菜等绿黄色蔬菜，黄色水果、蛋类、乳制品等，因为β胡萝卜素在体内平均有1/6会转化成维生素A。不过，维生素A、β胡萝卜素是脂溶性的，跟脂肪一起吃效果更佳，所以最好入菜或饭后吃。

B族维生素

B族维生素关系着视神经的健康，也有保护角膜的作用。缺乏B族维生素，容易发生神经病变、神经炎，眼睛易畏光、视力模糊、流泪等。糙米、胚芽米、全麦面包等全谷类食物，还有肝脏、瘦肉、酵母、牛奶、豆类、绿色蔬菜等，都富含B族维生素。

维生素 C

维生素 C 是蔬菜和水果中营养素的代表，是三大抗氧化维生素（其他两类是维生素 A 和维生素 E）之一。维生素 C 有强大的抗氧化作用，能够抑制造成癌症和老化的自由基的形成，提高身体的免疫力。因维生素 C 能够起到抗压作用，因此，还被称为抗压维生素。

维生素 C 还影响到维持细胞、血管、肌肉生长的胶原质的形成，还能抑制黄褐斑、雀斑等黑色素的生成，有很好的美容作用。维生素 C 是一种水溶性维生素。

番石榴、猕猴桃、木瓜、橙子、橘子、葡萄柚、草莓等含维生素 C 较多。同时当季水果的维生素 C 更高。一些蔬菜既有维生素 C，又可提供 β 胡萝卜素，如青椒、芥蓝、西兰花、菠菜、西红柿等。但维生素 C 怕热、怕光线、又怕铁锅，最好尽量生吃以减少营养素流失。

维生素 E

维生素 E 是三大抗氧化维生素之一，能够防止细胞膜的氧化，从而起到抗衰老作用。此外，维生素 E 可以促进血液循环，预防动脉硬化、高血压、心脏病、中风等疾病，还可以改善肩酸、体寒。南瓜中含有丰富的维生素 E，除此之外，制作蔬果汁时使用的杏仁、芝麻等配料中也含有丰富的维生素 E。

植物油（例如橄榄油、黄豆油、花生油、葵花籽油等）、坚果类（例如核桃、杏仁、腰果、花生、松子、葵花子等）、小麦胚芽，都是维生素 E 的良好来源。

维生素K

存在于黄绿色蔬菜中的维生素K，起到凝固血液的作用。出血时，血液凝固所需的凝血酶原的生成就需要维生素K。另外，维生素K还可以预防血栓。维生素K与钙的代谢有一定关系，有效防止骨骼中钙的流失。

叶　酸

菠菜、西兰花中叶酸的含量非常丰富。

叶酸被称为造血维生素，是新红细胞生长不可缺少的营养素，对蛋白质合成也起到积极作用。叶酸是细胞分裂旺盛的胎儿成长期不可缺少的营养素，因此，怀孕和哺乳期的妇女要摄入充足的叶酸。

维生素P

维生素P是一种类黄酮化合物。西红柿和荞麦中的芸香苷、柑橘类水果中的橘皮苷都是维生素P因子，它可以强健毛细血管，预防脑出血和高血压。

还可以促进维生素C的吸收，与维生素C一同摄入，效果更好。

钾

钾广泛存在于蔬菜、水果、海藻类、豆类等食品中，但在烹调过程中其损失较大。因此，做成蔬果汁便可保存更多的钾。矿物质钾和钠相互作用，可以维持细胞的渗透压。钾可以促进血液中多余钠元素的排泄，起到降低血压的

作用。

钙

钙是强健骨骼和牙齿不可缺少的营养物质。但因骨骼、牙齿的新陈代谢，钙会不断流失，因此，要在日常饮食中及时补充。血液和肌肉中也有钙，钙是身体和心脏肌肉收缩和神经系统的传递物质。在缓解精神疲劳中，钙也起到一定作用。

缺钙容易引发骨质疏松症，因此中老年人一定要注意补充钙。

乳制品和小鱼中钙含量很丰富。黄绿色蔬菜和柑橘类水果中也含有丰富的钙。

铁

铁是红细胞血红蛋白的重要构成物质，发挥着往全身输送氧气的重要作用。

肝脏、海藻类、大豆类，以及菠菜等黄绿色蔬菜中含有丰富的铁。铁的吸收离不开蛋白质，因此，制作蔬果汁时，可以搭配牛奶和豆浆，这样效果更好。

膳食纤维

膳食纤维是一种不能被人体内的消化酶消化的碳水化合物。膳食纤维可分为两个基本类型：水溶性纤维与非水溶性纤维。

非水溶性纤维中包括纤维素、果胶、木质素和半纤维素，存在于蔬菜、豆类、谷类等食物中。在大肠中可以增加

粪便的分量，吸收有害物质，促进排便。此外，膳食纤维还可以增加肠道内双歧杆菌等益生菌的数量，平衡肠道环境，有效预防大肠癌。

膳食纤维的种类很多，功能也各不相同，因此，要摄入多种多样的食物才能获得充足、多样的膳食纤维。

柠檬酸

柠檬酸广泛存在于柑橘类、梅干、醋中。柠檬酸可以分解食物在体内转化成能量时产生的酸性物质，并将其转化成能量。酸性物质是疲倦的罪魁祸首，柠檬酸对缓解疲劳发挥着积极作用。

柠檬酸还可以促进不易被人体吸收的钙、镁等营养物质的吸收。

乳酸菌

肠道内分解糖分、制造乳酸的菌群统称乳酸菌。主要包括双歧杆菌、保加利亚菌、嗜酸菌等，这是一群相当庞杂的菌群。

乳酸菌可以减少肠道内的有害菌，改善肠道环境。乳酸菌还可以提高身体免疫力，降低患癌症的风险。酸奶、奶酪和黄油中含有丰富的乳酸菌。

胡萝卜素

胡萝卜素是一种类胡萝卜素的植物化学元素，主要有α-胡萝卜素、β-胡萝卜素和γ-胡萝卜素三类。可以发挥维生素 A 作用的是β-胡萝卜素，能够强化黏膜，预防癌症、心脏

病的发生。胡萝卜素大量存在于胡萝卜、南瓜中，因其是脂溶性物质，因此，和油脂类食物一同食用能提高吸收率。

番茄红素

番茄红素是一种红色色素，大量存在于西红柿中。

番茄红素由于其很强的抗氧化作用，有助于减轻和预防心血管疾病，降低心血管疾病的危险性。

番茄红素通过有效清除体内的自由基，预防和修复细胞损伤，抑制 DNA 的氧化，从而降低癌症的发生率。番茄红素还具有细胞生长调控和细胞间信息感应等生化作用。它能诱导细胞连接通讯，保证细胞间正常生长控制信号的传递，抑制肿瘤细胞增殖。研究表明，番茄红素有助于预防前列腺癌及其他癌症。

隐黄素

隐黄素是一种黄色的色素。橘子中含有丰富的隐黄素。

隐黄素具有极强的抗氧化效果，并且可以在体内转化为维生素 A，对维护视力健康、机体组织再生具有决定性作用。近期的研究表明隐黄素有效阻止一些癌细胞形成。对骨骼健康有独特的功效。

叶黄素

叶黄素是一种黄色的色素，主要存在于菠菜和西兰花中。对抑制眼睛老花、视力退化有裨益。

橘皮苷

橘皮苷属于黄色素，主要存在于橘子果瓣皮和橘络中，具有强化血管的作用。

花青素

花青素是一种青紫色的色素。葡萄和蓝莓中含有丰富的花青素，可以改善视力。

美国梅奥医学中心指出，花青素这种抗氧化剂可以增强夜间视力，减缓眼睛黄斑退化。红、紫、紫红、蓝色等颜色的蔬菜、水果或浆果，例如：红甜菜、蓝莓、蔓越莓、黑樱桃、紫葡萄(皮)、加州李等，都含有花青素。

第三章　增强食欲的蔬果汁

现代快节奏的生活方式，让许多人都患上了肠胃方面的疾病，或食欲不佳，或肠胃发炎，甚至发生溃疡。

有胃炎和胃溃疡的人，要选择能缓解胃部炎症、保护胃黏膜的食材。如果患有肠炎，则要选择能增强肠道功能、增加肠内有益细菌、缓解肠道炎症的食材。

西红柿含有大量的柠檬酸和苹果酸，对整个机体的新陈代谢大有裨益，可促进胃液生成，加强对油腻食物的消化。木瓜里的维生素C很多，能防止胃溃疡。白菜能够养胃和中，利水除烦。卷心菜等十字花科菜等都有保护肠胃的作用。

木瓜适合胃的脾性，可以当作养胃食物，不过对于胃酸较多的人，不要使用太多。而且，一定要记住，胃喜燥恶寒，除了冰的东西以外，其他寒凉的食物像绿豆沙等也都不宜多吃。

胃病是一种慢性病，不可能在短期内治好。治病良方就是靠“养”，急不得，只能从生活习惯的改良入手。胃很脆弱，很容易受到压力的不良影响，引起肠胃不消化、胃炎、胃痛和胃溃疡。所以，多吃能缓解压力的食物对肠胃也能起到很好的保护作用。如果你肠胃功能欠佳，除了注意平时的饮食习惯外，下面就为大家介绍一些能增强食欲，保护肠胃的蔬果汁，希望对你有所帮助。

葡萄柚杧果汁

原料配比

葡萄柚1/4个，杧果120克，牛乳150毫升，脱脂牛奶2～3茶匙，蜂蜜适量，冰块适量。

制作方法

葡萄柚、杧果去皮切块，连同牛乳、脱脂牛奶、蜂蜜、冰块一起放入搅拌机中搅成原汁即可。

温馨提示

可增进食欲，消除疲劳，还具有稳定血压等效果。

菠萝苦瓜汁

原料配比

菠萝1/4个，苦瓜半根，猕猴桃半个，蜂蜜适量，纯净水半杯。

制作方法

将菠萝、猕猴桃去皮，将菠萝放盐水中浸泡10分钟，均切成小块。苦瓜洗净，去籽，切成小块。将上述原料和纯净水放入榨汁机搅打，调入蜂蜜即可。

温馨提示

这款蔬果汁富含维生素C和膳食纤维，能促进消化，消除胃胀，排毒养颜，使肌肤保持健康亮泽。

鲜姜橘子汁

原料配比

橘子 2 个，鲜姜 1 块，苹果 2 个。

制作方法

将鲜姜、橘子去皮，苹果切成小块，然后一起榨汁即可。

温馨提示

健脾、开胃、除湿，对感冒初愈者恢复食欲十分有益。

葡萄柠檬汁

原料配比

葡萄 20 粒，柠檬汁、蜂蜜各适量，纯净水 1 杯。

制作方法

将葡萄洗净，去籽，放入榨汁机，再倒入纯净水、柠檬汁、蜂蜜搅打即可。

温馨提示

这款蔬果汁含果酸，可以帮助消化，令人胃口大增。

西红柿柠檬汁

原料配比

西红柿 1 个，柠檬半个，蜂蜜适量，纯净水半杯。

制作方法

西红柿去蒂洗净,切成小块。柠檬去皮,切小块。将所有原料放入榨汁机搅打即可。

温馨提示

这款蔬果汁不仅可以帮助消化,清除肠道内的垃圾,还能祛斑、美白、瘦身。

苹果苦瓜汁

原料配比

苦瓜 200 克,苹果 1 个,柠檬汁适量,凉开水适量,蜂蜜 1 勺。

制作方法

把苦瓜和苹果洗净。苹果切块,苦瓜去瓤也切成块。放入搅拌机内,加入适量的凉开水。搅打 2～3 秒后倒出过滤。把过滤的苹果苦瓜汁挤上柠檬汁。加入适量的蜂蜜搅拌均匀即可。

温馨提示

这是一款减肥清脂的蔬果汁,能够增进食欲,健脾开胃,促进胆固醇代谢,促进脂肪排出体外。还可以养颜,滋润皮肤。

菠萝西红柿汁

原料配比

菠萝1块，西红柿1个，柠檬汁、蜂蜜各适量。

制作方法

菠萝去皮，用盐水泡10分钟，切小块。西红柿去蒂、洗净，切小块。将菠萝和西红柿一起放入榨汁机搅打，调入柠檬汁和蜂蜜搅匀即可。

温馨提示

菠萝富含膳食纤维和消化酶，西红柿富含维生素C，一同榨汁饮用，可促进消化液的分泌，促进食欲，还具有减肥、美白、祛斑的功效。

菠萝葡萄柚汁

原料配比

菠萝1块，葡萄柚1个，蜂蜜适量。

制作方法

将菠萝、葡萄柚去皮，菠萝用盐水浸泡10分钟，均切成小块。将菠萝、葡萄柚放入榨汁机搅打，再调入蜂蜜即可。

温馨提示

菠萝和葡萄柚富含蛋白质分解酶，可以刺激食欲，护肤又美容。

菠萝酸奶

原料配比

菠萝1/4个，酸奶200毫升，柠檬汁、蜂蜜各适量，纯净水1/4杯。

制作方法

菠萝去皮，放入盐水中浸泡10分钟，切成小块。将所有原料放入榨汁机搅打即可。

温馨提示

菠萝富含膳食纤维和消化酶，和酸奶一同榨汁饮用，可以促进消化，保护肠胃，改善食欲不振。

黄瓜猕猴桃汁

原料配比

黄瓜200克，猕猴桃50克，凉开水200毫升，蜂蜜两小匙。

制作方法

黄瓜洗净去籽，留皮切成小块，猕猴桃去皮切块，一起放入榨汁机，加入凉开水搅拌，倒出，加入蜂蜜于餐前一小时饮用。

温馨提示

黄瓜性甘凉，入脾胃经，能清热解毒，利水。而猕猴桃性甘酸寒，能入肾和胃经，解热止渴。

香蕉杂果汁

原料配比

香蕉1根,苹果1个,橙1个,蜂蜜1汤匙,冰水1/2杯。

制作方法

苹果洗净,剥皮去核,切成小块,浸于盐水中。橙剥皮,去除果囊及核或用绞柠檬器绞汁。香蕉剥皮,切成小段。将所有原料放入搅拌机内搅拌至均匀。

温馨提示

对便秘者有帮助。苹果切开后,最好浸在盐水中,这样做可防止果肉变黄。香蕉要买熟透的。在制作果汁时,要在使用前才剥皮,否则切开后放置太久会变色。

苹果醋蔬菜汁

原料配比

西兰花2簇,苹果醋10毫升(根据个人口味,可以加入适量的矿泉水调节酸味)。

制作方法

用热水将西兰花焯一下,或用微波炉加热。向苹果醋中加入适量矿泉水,调节酸味。将西兰花和苹果醋放入榨汁机中搅拌榨汁。

温馨提示

酸性物质在人体内堆积过多,人容易感觉疲劳,柠檬酸

循环正常进行可以有效防止这一情况。而苹果醋可以促进柠檬酸循环，使酸性血液变成弱碱性。

紫苏梅子汁

原料配比

紫苏叶 4 片，梅子 1 个，蜂蜜水 400 毫升。

制作方法

把梅子的核去除后切碎。紫苏叶切碎。将紫苏叶和梅子放入榨汁机。根据喜好再放入适量的蜂蜜水榨汁。

温馨提示

紫苏叶的特殊香气具有防腐和促进食欲的作用。紫苏醛还具有促进胃液分泌，帮助肠胃消化吸收的作用。

山药酸奶汁

原料配比

山药约 10 厘米长，酸奶 300 毫升，蜂蜜适量。

制作方法

把山药洗干净、去皮切成块。把山药和酸奶放入榨汁机中搅拌。

温馨提示

中医认为，山药具有补脾养胃，生津益肺，补肾涩精的功效。山药新鲜块茎中含有的多糖蛋白成分的黏液质、消化酵

素等，可预防心血管脂肪沉积，有助于胃肠的消化和吸收。

西芹香蕉可可汁

原料配比

西芹半根，香蕉 1 根，矿泉水 300 毫升，可可粉适量。

制作方法

取西芹的茎和叶洗净切碎。将香蕉切成适当大小。把西芹和香蕉放入榨汁机中。把可可粉和矿泉水加入榨汁机内搅拌榨汁。

温馨提示

可可豆中含有的多酚有助于抗癌和预防胃溃疡。

木瓜酸奶

原料配比

木瓜半个，哈密瓜 1 块，酸奶 100 毫升，果糖适量，纯净水半杯。

制作方法

木瓜、哈密瓜均洗净，去皮，去子，切成小块。将所有原料放入榨汁机搅打即可。

温馨提示

木瓜所含的酶可以帮助消化，和酸奶、哈密瓜一同榨汁能补充膳食纤维和维生素，还能改善便秘及胃肠功能不佳的状况。

乳酸菌西芹汁

原料配比

西芹半根，乳酸菌饮料400毫升。

制作方法

取西芹的茎和叶洗净切碎。将西芹和乳酸菌饮料放入榨汁机内搅拌榨汁。

温馨提示

乳酸菌包括双歧杆菌、益力多乳酸菌、保加利亚乳杆菌、嗜酸乳杆菌等，可以分解肠内糖分、释放乳酸的细菌。能保护肠胃健康。

乳酸菌香蕉果汁

原料配比

香蕉1根，乳酸菌饮料400毫升。

制作方法

将香蕉去皮切成适当大小。把香蕉和乳酸菌饮料放入榨汁机内搅拌榨汁。

温馨提示

乳酸菌可以吸附肠内的有害物质，并将其排出体外，并有预防大肠癌的功效。

第四章　增强免疫力的蔬果汁

注意力分散、头晕眼花、精力下降、经常感冒等表现都是免疫力降低所致。免疫力低下的身体易于被感染或患癌症。

免疫力是人体自身的防御机制，是人体识别和消灭外来侵入的任何异物，处理衰老、损伤、死亡、变性的自身细胞以及识别和处理体内突变细胞和病毒感染细胞的能力。现代免疫学认为，免疫力是人体识别和排除“异己”的生理反应。可通过多种方法增强免疫力，如饮食调理，特别是小孩，需多注意免疫力的增强。

怎样提高自身免疫力呢？归纳有以下几点：

全面均衡适量营养

维生素 A 能促进糖蛋白的合成，细胞膜表面的蛋白主要是糖蛋白，免疫球蛋白也是糖蛋白。维生素 A 摄入不足，呼吸道上皮细胞缺乏抵抗力，常常容易患病。维生素 C 缺乏时，白细胞内维生素 C 含量减少，白细胞的战斗力减弱，人体易患病。除此之外，微量元素锌、硒、维生素 B_1、B_2 等多种元素都与人体非特异性免疫功能有关。

适度劳逸

适度劳逸是健康之母，人体生物钟正常运转是健康保证，而生物钟“错点”便是亚健康的开始。

经常锻炼

现代人热衷于都市生活忙于事业，身体锻炼的时间越来越少。加强自我运动可以提高人体对疾病的抵抗能力。

心理健康

善待压力，把压力看作是生活不可分割的一部分，学会适度减压，以保证健康、良好的心境。

美国的癌症研究所曾经设立了一个食品计划项目，此项计划在以前的免疫学调查的基础上进行了防癌研究，并选出了约四十个品种的蔬菜和水果，其中包括大蒜、卷心菜、甘草、大豆、生姜、胡萝卜、西芹、防风草等芹科类植物；洋葱、茶叶、姜黄、橙子、葡萄柚等柑橘类植物；西红柿、茄子、青椒等茄科植物；西兰花、花菜、圆白菜等十字花科类植物；还有甜菜、罗勒、黄瓜、土豆、干果等。我们可以用这些素材来制作美味的健康果汁。

每天补充1杯鲜榨蔬果汁，不仅能增强免疫力，提高工作效率，还能带来一天舒畅的好心情。

西兰花胡萝卜汁

原料配比

西兰花2簇，胡萝卜半根，矿泉水400毫升。

制作方法

将西兰花用沸水迅速地焯一下，或者在微波炉中加热一下。胡萝卜洗净切碎。将西兰花和切好的胡萝卜与矿泉水一起放入榨汁机中榨汁。

温馨提示

萝卜硫素是西兰花特有的色素。它有提高解毒酵素功效的作用,能使致癌物质无害化。西兰花的新芽比成熟的西兰花含有更多的萝卜硫素。

番茄红彩椒香蕉果汁

原料配比

红彩椒半个,番茄 2 个(中等大小),香蕉 1 根,矿泉水 300 毫升。

制作方法

红彩椒洗净去籽并切碎。在番茄的表面切一个口子,用沸水焯一下,剥去表皮,切成大块。将香蕉去皮切成适当大小。把红彩椒和番茄、香蕉放入搅拌机中,并加入矿泉水,搅拌榨汁。

温馨提示

番茄中含有番茄红素,红彩椒中含有辣椒红素,它们都有很强的抗氧化作用。香蕉对增强白细胞的活性有很强的功效。

番茄汁

原料配比

番茄 4 个(中等大小),柠檬薄片(1 片)。

制作方法

在番茄的表面切开一个口子,用沸水烫一下,剥去表皮,切成大块。将其放入榨汁机搅拌。

根据个人喜好,可加入柠檬切片、食盐、红辣椒等。如果想加入蜂蜜,可以和番茄一起放入榨汁机中搅拌。

温馨提示

番茄中含有的红色素,是一种类胡萝卜素,有很强的抗氧化作用。它有激活抗癌基因的功能。

番茄胡萝卜汁

原料配比

番茄4个(中等大小),胡萝卜半根。

制作方法

在番茄的表面切开一个口,用沸水烫一下。剥去番茄的表皮,切成大块。胡萝卜去皮并切碎。将胡萝卜和番茄放入榨汁机搅拌。

温馨提示

无论是番茄还是胡萝卜,都含有丰富的β-胡萝卜素。有抗氧化的功效。

按照个人的喜好,可添加柠檬汁、盐、辣椒汁等。如果想加点蜂蜜,要和番茄一起放入榨汁机。

猕猴桃汁

原料配比

猕猴桃4个，矿泉水400毫升。

制作方法

猕猴桃去皮并切碎。将猕猴桃放入榨汁机内，加入矿泉水搅拌榨汁。

温馨提示

猕猴桃中含有良好的膳食纤维——果胶，可以快速清除肠道内堆积的有害代谢物。接近果皮的位置含有促消化作用的蛋白酶，所以制作果汁时，果皮尽量削得薄一些。

体寒者注意不宜过量食用。

芝麻油梨果汁

原料配比

油梨1个，牛奶400毫升，芝麻两大匙。

制作方法

油梨去籽，用汤匙取出果肉。把油梨、牛奶、芝麻放入搅拌机内搅拌。

温馨提示

炒芝麻、芝麻粉、芝麻酱均可。芝麻有黑白两种，食用以白芝麻为好，补益药用则以黑芝麻为佳。整粒的芝麻炒熟后，最好用食品加工机搅碎或用小石磨碾碎了再吃，易消化吸收。

葡萄柚汁

原料配比

葡萄柚2个。

制作方法

葡萄柚去皮，去除白络。掰成一瓣一瓣的，放入榨汁机榨汁。根据个人的口味，可适量加入蜂蜜。

温馨提示

用一个葡萄柚榨出的汁便可满足身体一天所需的维生素C。维生素C可促进胶原质的生成，防止血管、细胞老化。还具有提高免疫力、抑制致癌物质生成的作用。

牛奶红辣椒汁

原料配比

红辣椒2个，牛奶400毫升。

制作方法

红辣椒可直接使用，也可焯一下再用。把红辣椒切碎。将红辣椒和牛奶放入榨汁机内搅拌榨汁。

温馨提示

辣椒红素和番茄中所含的番茄红素一样，有强大的抗氧化功效。

番茄西兰花汁

原料配比

西兰花2瓣，番茄1个，矿泉水400毫升。

制作方法

将西兰花用沸水迅速焯一下，或者用微波炉加热。在番茄的表面切一个口，用沸水烫一下。剥去番茄的表皮，切成大块。把西兰花、番茄与矿泉水一起放入榨汁机中搅拌榨汁。

温馨提示

西兰花中富含萝卜硫素，番茄含有的番茄红素，都具有很强的抗氧化作用。

卷心菜豆浆汁

原料配比

卷心菜大叶2片，豆浆400毫升。

制作方法

取干净的卷心菜叶子，切成碎片，和豆浆一起放入榨汁机榨汁。

温馨提示

豆浆中的蛋白质和硒、钼等都有抑癌作用。

苹果萝卜甜菜汁

原料配比

苹果 1 个，白萝卜半根，甜菜 1 个，柠檬汁适量，纯净水半杯。

制作方法

苹果洗净，切成小块。白萝卜和甜菜分别洗净，去皮，切成小块。将上述原料放入榨汁机中，加入纯净水榨汁，最后滴入柠檬汁调味。

温馨提示

这款蔬果汁有足够的碳水化合物和维生素 C，能迅速补充体力，增强抵抗力，还有助于心肺功能的调整。

鳄梨苹果胡萝卜汁

原料配比

鳄梨 1 个，胡萝卜半根，苹果 1 个，纯净水半杯。

制作方法

鳄梨洗净，去皮，去核，切成小块。苹果洗净，去核，切块。胡萝卜洗净，切成小块。将所有原料放入榨汁机中搅打即可。

温馨提示

三者榨汁饮用，能增强身体抵抗力。

紫苏苹果汁

原料配比

紫苏叶 4 片，苹果半个（中等大小），矿泉水 300 毫升。也可以使用市售的苹果汁。

制作方法

苹果去皮并切碎。将紫苏叶切碎，和苹果一同放入榨汁机，加入矿泉水搅拌榨汁。

温馨提示

紫苏叶中含有的木犀草素是一种类黄酮成分，有助于抗过敏、消炎等。

菠菜香蕉奶汁

原料配比

菠菜半把，香蕉 1 根，牛奶 200 毫升，碎花生 1 大匙。

制作方法

菠菜洗净，去根，切碎。香蕉剥皮，切段。将菠菜、香蕉和牛奶放进榨汁机搅打，再撒上碎花生（可利用榨汁机的干磨功能自制）即可。

温馨提示

这款蔬果汁能缓解头部的昏沉与疼痛，增强人体免疫力，还能促进排便，美容养颜。

芹菜洋葱胡萝卜汁

原料配比

芹菜 1 根，洋葱半个，胡萝卜 1 根，柠檬 1/4 个，纯净水 1 杯。

制作方法

洋葱、胡萝卜、柠檬分别洗净、去皮，切成小块。芹菜洗净，连同菜叶切碎。将所有原料放入榨汁机中榨汁即可。

温馨提示

芹菜富含维生素 B_1、维生素 B_2，洋葱的杀菌作用很强。胡萝卜富含 β-胡萝卜素。这款蔬果汁有助于神经安定，增强抵抗力。

苹果芹菜苦瓜汁

原料配比

苹果 1 个，芹菜 1 根，苦瓜 1 条，纯净水 1 杯。

制作方法

苹果洗净切块。芹菜洗净切段。苦瓜洗净去瓤、去籽、切块。将上述原料放入榨汁机搅打即可。

温馨提示

芹菜、苦瓜和苹果一起食用可使人体吸收多种维生素和矿物质，能增强体质，提高免疫力，还有利于排毒养颜、瘦身。

紫甘蓝番石榴汁

原料配比

紫甘蓝 50 克，番石榴 1 个，柠檬汁、蜂蜜各适量，纯净水半杯。

制作方法

紫甘蓝洗净，切片。番石榴洗净，去籽。将紫甘蓝、番石榴和纯净水一同放入榨汁机搅打，再放入蜂蜜、柠檬汁搅匀即可。

温馨提示

紫甘蓝含有花青素，具有抗氧化性，可降低血脂，预防心血管疾病；柠檬富含维生素 C，可增强人体免疫力。这款蔬果汁可以提高人体免疫力，还能美容瘦身。

苹果青葡萄菠萝汁

原料配比

苹果 1 个，青葡萄 10 粒，菠萝 1/4 个，香菜 1 根，纯净水半杯。

制作方法

葡萄洗净，去皮、去籽。香菜洗净，切成小段。菠萝去皮，用盐水浸泡 10 分钟，切成小块。苹果洗净，去核，切块。将所有原料放入榨汁机搅打即可。

温馨提示

这款蔬果汁富含抗氧化剂，对身体有很好的清洁作用，还能增加身体的能量，改善皮肤粗糙。

橙子苹果菠菜汁

原料配比

橙子 1 个，苹果半个，菠菜 1 小把，柠檬 2 片，纯净水 1 杯。

制作方法

橙子、苹果分别洗净，去皮、去籽，切成小块。菠菜洗净，切小段。柠檬去皮。将所有原料放入榨汁机中榨汁。

温馨提示

此蔬果汁能补充人体消耗的能量，增强抵抗力，还能消除倦怠乏累感。

苹果甜椒莲藕汁

原料配比

苹果半个，甜椒 1 个，莲藕 3 片，纯净水半杯。

制作方法

苹果洗净，切小块。莲藕洗净，去皮，切成丁。甜椒洗净，去蒂，去籽，切小块。将所有原料放入榨汁机中榨汁。

温馨提示

这款蔬果汁可以迅速给身体补充维生素 C 以及碳水化

合物，补充因进食不足而缺乏的营养，增强免疫力。对感冒初起时，也有很好的调理功效。

白萝卜橄榄汁

原料配比

白萝卜 250 克，青橄榄 5 个，梨 1 个，纯净水 1 杯，柠檬汁、蜂蜜各适量。

制作方法

将白萝卜、青橄榄、梨均洗净，梨去核，分别切碎，放入榨汁机中加纯净水榨汁，最后加柠檬汁和蜂蜜调味。

温馨提示

橄榄能清热解毒、生津止渴、清肺利咽；白萝卜中含有抗菌物质，对多种致病菌有明显抑制作用。这款蔬果汁有利于预防冬春感冒、流行性感冒。

胡萝卜柿子柚子汁

原料配比

胡萝卜 1 根，柿子半个，柚子半个，纯净水 1 杯。

制作方法

胡萝卜、柿子、柚子分别洗净，胡萝卜去皮，柚子去皮、去籽，均切成小块。将上述原料放入榨汁机中，加纯净水榨汁。

温馨提示

这款蔬果汁有提高免疫力、预防感冒、防止皮肤粗糙的

辅助效果。

白萝卜梨汁

原料配比

白萝卜100克，梨1个，生姜汁2勺，蜂蜜适量。

制作方法

将白萝卜洗净，切成适当大小的块。梨去皮去核，切成小块。将上述原料放入榨汁机中搅打，再放入生姜汁和蜂蜜搅匀即可。

温馨提示

白萝卜和梨一同榨汁饮用，可缓解因感冒引起的喉咙肿痛，还有改善皮肤粗糙的功效。

莲藕姜汁

原料配比

莲藕3片，生姜3片，柠檬汁、蜂蜜各适量，纯净水半杯。

制作方法

莲藕、生姜均洗净去皮，切成小块，放入榨汁机中，倒入纯净水，一起搅打，再调入柠檬汁和蜂蜜即可。

温馨提示

莲藕和生姜一起榨汁，可辅助治疗夏季胃肠型感冒或肠炎、发热、烦渴、呕吐、腹痛、泄泻等症。

第五章 美容养颜的蔬果汁

由于环境等多种原因及女性内分泌失调，精神压力大，体内缺少维生素，长期过度的紫外线照射，使皮肤的老化发炎，或长期长痘痘、湿疹等，都有可能会引起长斑。祛斑是现代女性美容的最大问题。要认清皮肤的斑点形成原因及自身的皮肤性质，来找出属于自己的祛斑方法。

现代白领女性一般工作较忙，又没有时间去美容院进行专业皮肤护理，其实只要在日常生活中注意饮食保养，就会达到比较理想的效果。

皮肤不好的女性应该多吃有美容功效的食材。蔬果汁富含维生素C和维生素E，因此有很好的美容效果。大豆中的异黄酮具有植物雌激素活性，在结构上类似于人体内产生的雌激素，进入体内的异黄酮和女性激素中的雌激素一样能发挥相同的功效。当雌性激素不足时可起到类雌激素效果，而雌性激素过剩时又起到抗激素作用。所以，女性要多吃大豆、乳制品和豆腐。

能养颜润肤的食物主要有：

桂圆、红枣、核桃仁、薏米、苹果、橙子、菠萝、梨、柑橘、柠檬、葡萄、番石榴、柿子、柚子、李子、橄榄、枇杷、猕猴桃、阳桃、草莓、山楂、人参果、黄瓜、甜瓜、南瓜、西瓜、木瓜、大豆、豌豆、豆腐、苋菜、圆白菜、韭菜、油菜、生菜、芹菜、芥菜、黄花菜、绿豆芽、莴笋、胡萝卜、青椒、西兰花、芦笋、芦荟、仙

人掌、茭白、荸荠、番茄、木耳、酸奶和蜂蜜等。

果蔬柠檬汁

原料配比

苹果 200 克，削净的莴笋 80 克，芹菜 50 克，柠檬汁 25 毫升，冰糖、冰块各少许。

制作方法

将苹果洗净去核，带皮切成块。莴笋和芹菜洗净后切成小段。将三者放入榨汁机中榨汁，再加入柠檬汁、冰糖和冰块搅匀即可。

温馨提示

可美容养颜。莴笋有洁白牙齿、明耳目和利小便等功效，对儿童牙齿和骨骼的发育均有促进作用。

香蕉蜜桃鲜奶

原料配比

香蕉 1 根，蜜桃 1 个，鲜奶 1/2 杯，蜂蜜 1 汤匙，柠檬汁适量。

制作方法

香蕉去皮，切成数段。蜜桃洗净、削皮、去核，切成小块。将以上材料及蜂蜜放进搅拌机内搅拌 40 秒。将果汁倒入杯中，加入柠檬数滴即成。

温馨提示

此果汁营养极高，含有丰富维生素、钙质、矿物质，对美容及健康都非常有益。可用士多啤梨替代蜜桃，效果与味道俱佳。害怕肥胖的人士，可选择用低脂肪鲜奶。

金橘柠檬汁

原料配比

金橘 120 克，柠檬汁 30 毫升，蜂蜜、冰块各少许。

制作方法

将金橘去皮，对切后榨汁，再加入柠檬汁、蜂蜜和少许冰块搅匀即可。

温馨提示

养颜美容，对改善便秘、促进新陈代谢、延缓衰老及增强身体免疫力都有帮助。

葡萄柠檬汁

原料配比

葡萄 150 克，柠檬 1 个，蜂蜜适量。

制作方法

将葡萄洗净。柠檬连皮对切为 4 份。将葡萄、柠檬放入榨汁机内压榨成汁。倒进杯中加入蜂蜜拌匀即成。

温馨提示

常饮令肌肤嫩滑、面色红润。

雪梨香蕉生菜汁

原料配比

雪梨1个,香蕉1根,生菜100克,柠檬1个。

制作方法

雪梨洗净去皮,切成大小可放入榨汁机内的块。香蕉去皮切成数段。生菜洗净,包裹着香蕉。柠檬连皮对切为4块,去核。将所有材料顺序放入榨汁机内压榨成汁。

温馨提示

能改善晒伤及粗糙的皮肤。加入蜂蜜与冰块,可令果汁更冰凉清甜。

豆浆柑橘汁

原料配比

柑橘300克,豆浆200毫升,蜂蜜20毫升,冰块少许。

制作方法

将柑橘去皮与核后榨汁备用。将豆浆和蜂蜜充分搅拌,然后加入冰块和柑橘汁搅匀即可。

温馨提示

润肺止咳,健脾顺气,止渴消暑,红润面容,美白肌肤。

士多啤梨生菜汁

原料配比

士多啤梨5个，沙律生菜100克，柠檬1个，冰块数粒。

制作方法

士多啤梨去蒂洗净。生菜洗净。柠檬连皮分切4块，去核。将冰块先放进榨汁机容器内。把士多啤梨和柠檬放进榨汁机容器内。生菜卷成卷状放进榨汁。倒入杯内拌匀即成。

温馨提示

有助消除雀斑、褐斑、痤疮。对改善晒伤、过敏的皮肤亦有益。可用卷心生菜替代沙律生菜。

李子豆浆汁

原料配比

李子3个，蜂蜜适量，豆浆半杯，冰块数粒。

制作方法

去掉李子的皮及核。将蜂蜜及豆浆放入搅拌机内搅拌15秒。加入冰块搅拌10秒。最后加入李子搅拌40秒即成。

温馨提示

对粗糙及晒伤的皮肤有裨益。在果汁中加入少许柠檬汁，味道更佳。

瓜果柠檬汁

原料配比

苹果150克，黄瓜120克，柠檬汁20毫升，冰块少许。

制作方法

将苹果洗净去皮与核，切成小块。黄瓜洗净后切段。将二者放入榨汁机内榨汁，再加入柠檬汁和少许冰块搅匀即可。

温馨提示

有利于排毒、养颜和美容。也可利尿排毒、清理肠道。

增色苹果汁

原料配比

苹果100克，凉白开200毫升，糖少许。

制作方法

将苹果洗净去核，切成小块，与凉开水一同放入榨汁机内榨汁，最后加糖搅匀即可。

温馨提示

红润容颜，增色美容。苹果中含的大量苹果酸，可使积存在体内的脂肪分解，能防止体态过胖。苹果酸能降低胆固醇，有助于预防动脉硬化。

橘子蜜姜汁

原料配比

橘子 3 个，姜汁 5 毫升，蜂蜜 25 毫升，冰块少许。

制作方法

将橘子剥皮掰成小块，与 150 毫升凉开水一同放入榨汁机内榨汁。再加入姜汁、蜂蜜和少许冰块拌匀即可。

温馨提示

橘子中含有丰富的维生素 C 和尼克酸，可调节血脂和降低胆固醇。

橘子酒膏饮

原料配比

橘子 500 克，葡萄酒 250 毫升，糖 50 克，蛋黄 25 克，奶油 25 克，水 500 毫升，琼脂 5 克。

制作方法

将蛋黄、葡萄酒和水放入锅中，然后橘子去皮挤汁，放入锅中，用小火慢煮。将琼脂放在水中泡软，也放入锅中。将奶油和糖放入碗中搅匀，倒入锅内，边倒边搅，熬至成膏状时离火，晾凉即可。饭后取 15～25 毫升膏汁，用开水 100 毫升调匀饮用。

温馨提示

开胃降火， 美容润肤。橘子中的维生素 C 和果胶能将血液中流动的胆固醇减少。

柠檬柑菜汁

原料配比

柑橘2个,芥菜100克,柠檬汁25毫升,冰块少许。

制作方法

将柑橘剥皮后去核。芥菜洗净。将柑橘用芥菜叶子包起来放入榨汁机中榨汁,然后放入柠檬汁和冰块搅匀即可。

温馨提示

滋润皮肤,缓解皮肤晒伤。

荸荠梨菜汁

原料配比

梨2个,荸荠80克,生菜50克,麦门冬15克,蜂蜜少许。

制作方法

将梨和荸荠洗净去皮,切成小块。生菜洗净剥成小片。麦门冬用热水浸泡一晚使其软化。将以上四者一起放入榨汁机中榨汁,再淋入蜂蜜搅匀即可。

温馨提示

润肺止咳,凉血解热,利尿通便,清热去湿,美白抗氧化,润肤祛痘。

菠萝蜂蜜汁

原料配比

菠萝1个,盐5克,蜂蜜10毫升。

制作方法

将菠萝去皮后切成小块,放入榨汁机内榨汁,最后加入盐和蜂蜜搅匀即可。

温馨提示

养肌润肤,保护肌肤弹性。

菠檬黄瓜汁

原料配比

菠萝100克,黄瓜2根,柠檬1个。

制作方法

将黄瓜洗净后切成小块。菠萝去皮切成小块。柠檬洗净切片。将所有材料放入榨汁机中榨汁即可。

温馨提示

美白养颜,生津止渴。菠萝中丰富的菠萝酶可分解胃内蛋白质,帮助消化,促进新陈代谢。

桃果柠檬汁

原料配比

桃100克，苹果150克，柠檬汁30毫升，冰块少许。

制作方法

将桃和苹果洗净，去皮与核后切成小块，一起放入榨汁机中榨汁，再加入柠檬汁和冰块搅匀即可。

温馨提示

排毒保健，养颜美容。苹果含有碳水化合物、蛋白质、脂肪、膳食纤维、多种矿物质、维生素和微量元素，有安眠养神和消食化积等功效。

桃李佳人汁

原料配比

桃1个，李子1个，冰糖少许，凉白开150毫升。

制作方法

将桃和李子分别洗净去核，切成小块，与凉开水一同放入榨汁机中榨汁，再加入冰糖调匀即可。

温馨提示

润肤净肤，预防皱纹。

草莓菜瓜汁

原料配比

草莓 100 克，油菜 60 克，甜瓜 100 克，柠檬汁 25 毫升，冰块、冰糖各少许。

制作方法

将草莓洗净去蒂，油菜洗净切段，甜瓜去皮和子切成块，均放入榨汁机内榨汁。再加入柠檬汁、冰块和冰糖搅匀即可。

温馨提示

缓解便秘，排毒保健，美容润肤，改善肠胃病。甜瓜富含碳水化合物及柠檬酸、胡萝卜素和维生素 B 族、维生素 C 等，可消暑清热、生津解渴及除烦。

美容柚奶汁

原料配比

柚子 1/2 个，蜂蜜 20 毫升，牛奶 100 毫升，柚子肉 120 克，柚子皮 10 克，白萝卜 150 克，蜂蜜少许。

制作方法

将柚子肉切成小块。柚子皮切成丝。白萝卜洗净去皮，切小块磨成泥。将三者同牛奶一起放入榨汁机内榨汁，再调入蜂蜜搅匀即可。

温馨提示

常饮此汁能清洁血液，养颜美容，增强免疫力。

木瓜牛奶饮

原料配比

木瓜 150 克，牛奶 250 毫升，蜂蜜少许。

制作方法

将木瓜去皮与子，切成小块，放入榨汁机内榨汁，再淋入牛奶和蜂蜜搅匀即可。

温馨提示

常饮此汁能护肤美容，利于消化排毒。

菠萝苦瓜圣女果汁

原料配比

菠萝 1/5 个，苦瓜 1/2 条，圣女果 3 个，凉开水 150 毫升。

制作方法

将它们治净依次榨汁，搅拌后即可饮用。

温馨提示

适合痤疮性皮肤者饮用，同时还可以美白肌肤，缓解疲劳。

西瓜柠檬汁

原料配比

西瓜 250 克，番茄 200 克，柠檬汁 30 毫升，果糖少许，凉开水 150 毫升。

制作方法

将西瓜切开去子，瓜肉与番茄一同切成块，放入榨汁机中，再加入果糖和凉开水榨汁，最后淋入柠檬汁搅匀即可。

温馨提示

润泽皮肤，美容养颜，提高免疫力。

黄瓜生菜汁

原料配比

黄瓜 100 克，生菜 50 克，蜂蜜 40 毫升。

制作方法

将黄瓜洗净切片。生菜洗净切段，焯水后捞起，用冷水浸泡片刻后沥干。将黄瓜和生菜放入榨汁机内榨汁，再淋入蜂蜜搅匀即可。

温馨提示

可保护和清洁皮肤，促使皱纹舒展。

黄瓜柠檬汁

原料配比

黄瓜500克，柠檬汁40毫升，冰糖少许，凉开水100毫升。

制作方法

将黄瓜洗净后用沸水稍烫一下，切碎，再放入榨汁机内，然后加入凉开水榨汁。最后调入柠檬汁和冰糖搅匀即可。

温馨提示

具有清热、解暑和利尿等功效。

黄瓜梨子汁

原料配比

黄瓜250克，梨1个。

制作方法

将黄瓜洗净，剖开后去子，切成小块。梨洗净去皮和核，切成小块。将二者放入榨汁机内榨汁即可。

温馨提示

清热利咽，润肤祛痘。可促进食欲。

黄瓜橙檬汁

原料配比

黄瓜3根，胡萝卜1根，橙子1个，柠檬汁25毫升，蜂蜜少许。

制作方法

将黄瓜和胡萝卜洗净后切成小块。橙子去皮后，也切成小块。三者一起放入榨汁机内榨汁，再加入柠檬汁和蜂蜜调匀即可。

温馨提示

美白润肤，消除皮肤斑点及粉刺，增强活力。

甜瓜蜜奶汁

原料配比

甜瓜150克，香菜30克，紫苏叶汁10毫升，酸牛奶120毫升，蜂蜜20毫升。

制作方法

将甜瓜和香菜洗净，切碎后榨汁，再加入紫苏叶汁、酸奶和蜂蜜混合调匀即可。

温馨提示

丰肌润肤，预防皱纹增多。甜瓜含有多种核糖核酸与多种生物酶，这些物质除了有助于人体的消化功能外，还有促进人体新陈代谢、保护肾脏的作用。

木瓜檬菜汁

原料配比

圆白菜 150 克，木瓜 1/2 个，柠檬 1/2 个，蜂蜜、冰块各少许。

制作方法

将圆白菜洗净后卷成卷，木瓜削皮后用汤匙挖取果肉。柠檬洗净切片。三者一起放入榨汁机内榨汁，再加入蜂蜜和冰块搅匀即可。

温馨提示

清理肠胃，排毒保健，润肤美容。

萝卜苹果汁

原料配比

苹果 150 克，胡萝卜 150 克，柠檬汁 30 毫升，冰块少许。

制作方法

将苹果洗净，去皮和核后切成小块，用盐水浸泡。将胡萝卜洗净切块，与苹果块一起放入榨汁机中榨汁，再加入柠檬汁和少许冰块搅匀即可。

温馨提示

养颜美容，排毒保健，改善腹泻。胡萝卜中含有丰富的胡萝卜素，在体内可转化为维生素 A。具有滑润、强健皮肤的作用，并可防治皮肤粗糙及雀斑。

果蔬柠檬汁

原料配比

苹果200克,削净的莴笋80克,芹菜50克,柠檬汁25毫升,冰糖、冰块各少许。

制作方法

将苹果洗净去核,带皮切成块。莴笋和芹菜洗净后切成小段。将三者放入榨汁机中榨汁,再加入柠檬汁、冰糖和冰块搅匀即可。

温馨提示

有美容养颜、明耳目和利小便等功效。对儿童牙齿和骨骼的发育均有促进作用。

橘果萝卜汁

原料配比

苹果200克,橘子100克,胡萝卜150克,白糖20克,凉开水100毫升。

制作方法

将苹果洗净去核除蒂,切成薄片。橘子去皮和核,橘子皮切成细丝。胡萝卜去根洗净后切成薄片。将以上原料放入榨汁机内,加入凉开水搅成蓉泥汁,滤去皮渣取汁,再撒入白糖搅匀即可。

温馨提示

能使皮肤丰润。这是因为胡萝卜素在人体内转化成维生素A,可润泽皮肤,有舒展皱褶和消除斑点的功效。

生菜果檬汁

原料配比

苹果1个,生菜100克,柠檬汁30毫升,盐、冰块各少许。

制作方法

将苹果洗净去皮和核,切块。生菜洗净。一起放入榨汁机榨汁,然后加入柠檬汁、盐和少许冰块搅匀即可。

温馨提示

清理肠胃,改善皮肤。

草莓双萝汁

原料配比

菠萝120克,草莓100克,萝卜60克,柠檬汁30毫升,冰块少许。

制作方法

将菠萝去皮洗净切块。草莓洗净去蒂。萝卜洗净切块。一起放入榨汁机内榨汁,再淋入柠檬汁,撒入少许冰块搅匀即可。

温馨提示

滋润皮肤，防治青春痘，对晒伤也有一定辅助疗效。

菠萝甜浆饮

原料配比

菠萝 150 克，豆浆 250 毫升，蜂蜜、冰块各少许。

制作方法

将菠萝洗净去皮，切成块，榨成汁后过滤掉纤维质，然后与豆浆、蜂蜜一起搅匀，撒入少许冰块即可。

温馨提示

消除疲劳，美肤祛斑，润泽皮肤。

柠檬芹橘汁

原料配比

橘子 2 个，芹菜 40 克，柠檬汁 25 毫升，冰块少许。

制作方法

将橘子洗净去皮，芹菜洗净切段，一起放入榨汁机里榨汁，再加入柠檬汁和少许冰块搅匀即可。

温馨提示

帮助消化，淡化雀斑。

柠檬橘菜汁

原料配比

橘子2个，油菜100克，柠檬汁25毫升，盐、冰块各少许。

制作方法

将橘子去皮和核。油菜洗净切碎。一起放入榨汁机内榨汁。再加入柠檬汁、盐和冰块搅匀即可。

温馨提示

明目，清热解毒，润肠通便，淡化褐斑，润泽皮肤。油菜含有丰富的钙、胡萝卜素及维生素C，可增加皮肤光泽。

豆浆草莓汁

原料配比

草莓200克，豆浆250毫升，蜂蜜少许，冰块少许。

制作方法

将草莓洗净去蒂后榨成汁，再放入豆浆、蜂蜜和冰块搅匀即可。

温馨提示

健脾和胃，利尿消肿，解热祛暑，促进胃肠蠕动，有利通便，去除斑点和青春痘。

蔬果梨檬汁

原料配比

梨120克，胡萝卜25克，芹菜50克，苹果50克，柠檬汁30毫升，凉开水100毫升。

制作方法

将梨、胡萝卜、芹菜、苹果洗净切块榨汁，再加入柠檬汁和凉开水调匀即可。

温馨提示

嫩肤增白，排毒保健。

葡萄檬菜汁

原料配比

无子葡萄100克，圆白菜150克，柠檬汁30毫升，冰块少许。

制作方法

将无子葡萄和圆白菜分别洗净，用圆白菜叶把无子葡萄包起来，放入榨汁机中榨汁，再淋入柠檬汁，撒入少许冰块搅匀即可。

温馨提示

改善皮肤，有利于消除青春痘。

甜瓜荸荠汁

原料配比

甜瓜 400 克，荸荠 250 克，黄瓜 2 根。

制作方法

将甜瓜和荸荠洗净去皮，与洗净的黄瓜分别切成块，一起放入榨汁机中榨汁饮用。

温馨提示

美白润扶，清热生津，凉血解毒。甜瓜对人体的造血机能有显著的促进作用。

柠檬瓜菜汁

原料配比

甜瓜 100 克，柠檬 2 个，芹菜 50 克，冰块少许。

制作方法

将甜瓜对切，去皮和子，切块。柠檬洗净切片。芹菜洗净切小段。将三者放入榨汁机中榨汁，再加入少许冰块搅匀即可。

温馨提示

淡化褐斑，防治晒伤。

鲜橙香蕉汁

原料配比

香蕉 1 根,橙子 1 个,牛奶 250 毫升,冰块少许。

制作方法

将香蕉去皮切成小块。鲜橙洗净去皮切成小块。一起放入榨汁机内榨汁,再加入牛奶和少许冰块搅匀即可。

温馨提示

可美肤祛斑。

柠檬柿子汁

原料配比

柿子 4 个,柠檬 1 个,蜂蜜少许。

制作方法

将柿子洗净切成小丁。柠檬去皮切小块。一起放入榨汁机中榨汁,再加入蜂蜜搅匀即可。

温馨提示

清热止渴,润肺止咳,止血凉血。常饮此汁,可促进新陈代谢,防治青春痘,利于净化血液。

木瓜奶橙汁

原料配比

木瓜 250 克，牛奶 200 毫升，橙汁 80 毫升，冰糖少许。

制作方法

将木瓜去皮和子，切成小块，放入榨汁机中榨汁，再加入牛奶、橙汁和冰糖搅匀即可。

温馨提示

淡化斑点，健脾润肠。木瓜能消除黑斑和雀斑，防止肌肤老化、头晕目眩。

番茄萝卜汁

原料配比

胡萝卜 100 克，番茄 100 克，蜂蜜少许。

制作方法

将胡萝卜和番茄洗净去皮，切成小块，放入榨汁机内榨汁，再淋入少许蜂蜜搅匀即可。

温馨提示

改善过敏体质，美化肌肤，改善眼睛疲劳。番茄中含有丰富的谷胱甘肽，可抑制酪氨酸酶的活性，从而使沉着的色素减退或消失。

番茄蔬果汁

原料配比

番茄 1 个，胡萝卜 120 克，橙子 1 个，冰糖少许。

制作方法

将番茄洗净切块，胡萝卜洗净切成片，橙子剥皮，一起放入榨汁机内榨汁，再加入少许冰糖搅匀即可。

温馨提示

滋润皮肤，改善皮肤，增强消化能力。不宜空腹饮用。

菜檬萝卜汁

原料配比

萝卜 100 克，芥菜 70 克，芹菜 40 克，柠檬汁 30 毫升，冰块少许。

制作方法

将萝卜洗净连皮切成块，芥菜和芹菜分别洗净切碎，一起放入榨汁机榨汁，再加入柠檬汁和少许冰块搅匀即可。

温馨提示

滋润皮肤，预防晒伤，抑制斑点生成。

苹果檬笋汁

原料配比

莴笋200克，苹果1个，柠檬汁30毫升，蜂蜜30毫升，冰块少许。

制作方法

将莴笋洗净切成小片。苹果洗净去皮和核，切小块。一起放入榨汁机中榨汁，再加入柠檬汁、蜂蜜和冰块搅匀即可。

温馨提示

美肤祛斑，利小便，益耳目。

柠檬甜椒汁

原料配比

彩色柿椒150克，柠檬汁40毫升，冰糖、冰块各少许，凉开水50毫升。

制作方法

将彩色柿椒洗净去蒂，对切去子后切成小块，榨成汁，与柠檬汁、冰糖、凉开水和冰块搅匀即可。

温馨提示

彩色柿椒富含维生素C，不仅可改善黑斑，还能促进血液循环。

双菜柠檬汁

原料配比

生菜 120 克，油菜 100 克，柠檬汁 25 毫升，盐、冰块各少许。

制作方法

将生菜和油菜叶洗净，切成小块，放入榨汁机里榨汁，再淋入柠檬汁，撒入少许盐和冰块搅匀即可。

温馨提示

预防感冒，滋润皮肤，淡化褐斑和雀斑。

油菜梨檬汁

原料配比

油菜 50 克，雪梨 2 个，柠檬汁 30 毫升。

制作方法

将油菜择洗干净后切成段，雪梨去皮和核切块，一起放入榨汁机中榨汁，再淋入柠檬汁搅匀即可。

温馨提示

清热解毒，滋阴降火，祛斑润肤。油菜有清热除烦、通利胃肠的作用，对于清除热毒和胃肠积毒有帮助。热毒内盛、发热口渴、心中烦闷及大便秘结者食用有益。

茭白瓜果汁

原料配比

茭白1根，甜瓜80克，柠檬汁15毫升，冰块少许。

制作方法

将茭白洗净切成块，甜瓜去皮和子，切成小块，一起放入榨汁机中榨汁，再加入柠檬汁和冰块搅匀即可。

温馨提示

嫩白保湿，淡化雀斑，清热解毒，消除烦渴。亦有利尿等功效。

胡萝卜芦笋橙子汁

原料配比

胡萝卜1根，芦笋2根，橙子1个，柠檬半个。

制作方法

胡萝卜洗净，切块。芦笋洗净，切成小段。橙子去皮，切成小块。柠檬洗净，切块。将所有原料放入榨汁机搅打即可。

温馨提示

这款蔬果汁富含β-胡萝卜素、维生素C、维生素E，能有效减少黑色素形成，淡化雀斑，让肌肤光滑润泽。

西兰花黄瓜汁

原料配比

西兰花 100 克，黄瓜 1 根，苹果 1 个，柠檬汁、蜂蜜各适量。

制作方法

西兰花洗净，切成小块。黄瓜、苹果均洗净，苹果去核，与黄瓜均切成小块。将所有原料放入榨汁机搅打即可。

温馨提示

这款蔬果汁富含维生素，对减少黑色素沉淀、淡化色斑有益。

草莓优酪乳

原料配比

草莓 6 个，柠檬汁适量，优酪乳 200 毫升。

制作方法

草莓去蒂，洗净，切块。将草莓、优酪乳放入榨汁机搅打，调入柠檬汁即可。

温馨提示

这款饮品富含维生素 C，对防治青春痘、黑斑、雀斑有一定辅助功效。

西瓜西红柿柠檬汁

原料配比

西瓜 1 块，西红柿 1 个，柠檬汁适量，纯净水半杯。

制作方法

西瓜去皮，去子。西红柿去蒂，洗净，切成小块。将西瓜、西红柿放入榨汁机中，加纯净水搅打，调入柠檬汁即可。

温馨提示

西瓜和西红柿一同榨汁，能补充人体所需水分，美白去斑，让肌肤水润亮泽。西红柿中含有丰富的谷胱甘肽，可抑制酪氨酸酶的活性，从而使沉着的色素减退或消失。

猕猴桃苹果柠檬汁

原料配比

猕猴桃 1 个，苹果 1 个，柠檬 1/4 个。

制作方法

猕猴桃去皮，切块。苹果、柠檬分别洗净，苹果去核，分别切块。将猕猴桃、苹果、柠檬放入榨汁机搅打即可。

温馨提示

这款蔬果汁富含维生素和膳食纤维，能排毒养颜，淡化色斑。

香瓜胡萝卜牛奶

原料配比

香瓜半个，胡萝卜 1 根，牛奶 100 毫升。

制作方法

香瓜洗净，去皮，去瓤，切块。胡萝卜洗净，切块。将香瓜、胡萝卜放入榨汁机，加入牛奶搅打即可。

温馨提示

胡萝卜富含维生素 A，和香瓜、牛奶搭配榨汁，能淡化雀斑，美白皮肤。

葡萄葡萄柚香蕉汁

原料配比

葡萄 10 粒，葡萄柚半个，香蕉 1 根，柠檬汁适量。

制作方法

葡萄洗净，去皮，去籽。葡萄柚、香蕉去皮，切块。将葡萄、葡萄柚、香蕉放入榨汁机搅打，调入柠檬汁即可。

温馨提示

葡糖含葡萄糖和果糖，能快速被人体吸收，与富含维生素 C 的葡萄柚及富含维生素 A 的香蕉一起榨汁，不但能消除疲劳，还能防止肌肤干燥，淡化斑纹。

草莓葡萄柚黄瓜汁

原料配比

草莓5个，黄瓜1根，葡萄柚半个，柠檬1个。

制作方法

草莓去蒂，洗净，切块。黄瓜、柠檬分别洗净，切块。葡萄柚去皮，去籽，切块。将所有原料放入榨汁机搅打即可。

温馨提示

这款蔬果汁富含维生素，能淡化斑点，清肝利胆。

苦瓜胡萝卜汁

原料配比

苦瓜1/4根，胡萝卜1根，蜂蜜适量，纯净水半杯。

制作方法

苦瓜洗净，去瓤，去子，切块。胡萝卜洗净，切块。将苦瓜、胡萝卜放入榨汁机，加纯净水搅打，调入蜂蜜即可。

温馨提示

清热祛暑，明目解毒，利尿凉血，提高免疫力，消解青春痘。

香蕉火龙果牛奶

原料配比

香蕉1根，火龙果1个，牛奶、蜂蜜各适量。

制作方法

香蕉去皮，切段。火龙果切半，挖出果肉。将香蕉、火龙果、牛奶放入榨汁机搅打，调入蜂蜜即可。

温馨提示

香蕉可以润肠通便，火龙果具有抗氧化的功效。这款蔬果汁能清热解毒，抑生痤疮。

苹果胡萝卜汁

原料配比

苹果1个，胡萝卜1根，蜂蜜适量，纯净水半杯。

制作方法

将苹果、胡萝卜均洗净，苹果去核，均切成小块。将苹果、胡萝卜、纯净水放入榨汁机搅打，调入蜂蜜即可。

温馨提示

苹果富含膳食纤维，可以增进肠蠕动，帮助消化，和胡萝卜一同榨汁饮用，能促进排出体内毒素，轻松祛痘。

苹果士多啤梨萝卜汁

原料配比

士多啤梨 10 个，苹果 1 个，红萝卜 1 根，蜂蜜 2 汤匙，柠檬汁适量，冰块数粒。

制作方法

士多啤梨用盐水洗净，去蒂，切成两半。苹果洗净，连皮切成两半后，再各切成 4 等分，去核，浸泡在盐水中。红萝卜洗净切成条状。在榨汁机容器内加进蜂蜜及冰块。顺序将士多啤梨、苹果、红萝卜放入榨汁机打汁即成。将果汁倒入杯中，加进柠檬汁拌匀。

温馨提示

美化肌肤，消除倦容。对预防便秘亦有帮助。

枇杷苹果汁

原料配比

枇杷 4 个，苹果 1 个，胡萝卜 1 根，柠檬汁、纯净水各适量。

制作方法

枇杷去皮，去核。苹果、胡萝卜分别洗净切块。将所有原料放入榨汁机搅打即可。

温馨提示

清热解毒，利尿健脾。苹果富含膳食纤维，能润肠通

便，助消化，除痘痘。

黄瓜薄荷豆浆

原料配比

黄瓜1根，豆浆250毫升，薄荷叶3片。

制作方法

黄瓜洗净，切成小块；薄荷叶洗净。将黄瓜、薄荷叶、豆浆放入榨汁机搅打即可。

温馨提示

黄瓜富含维生素E和黄瓜酶，除了润肤、除痘痕，还能有效对抗粉刺问题。

蜜桃牛奶

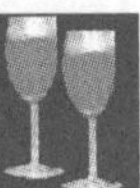

原料配比

水蜜桃2个，牛奶200毫升，蜂蜜适量。

制作方法

水蜜桃洗净，去皮，去核。将水蜜桃、牛奶放入榨汁机搅打，调入蜂蜜即可。

温馨提示

这款蔬果汁能润肠通便，清除体内垃圾，防治青春痘。

柠檬草莓生菜汁

原料配比

柠檬1个，草莓5个，生菜50克，纯净水适量。

制作方法

柠檬洗净，切成4块。草莓去蒂净，切块。生菜洗净，撕片。将所有原料放入榨汁机搅打即可。

温馨提示

这款蔬果汁富含维生素和纤维，能有利于排出体内毒素，促进新陈代谢，消除青春痘，淡化色斑。

胡萝卜苹果豆浆

原料配比

胡萝卜1根，苹果半个，柠檬汁适量，豆浆200毫升。

制作方法

胡萝卜、苹果分别洗净，苹果去核，同胡萝卜均切块。将胡萝卜、苹果、豆浆放入榨汁机搅打，调入柠檬汁即可。

温馨提示

胡萝卜富含β-胡萝卜素，有利于消除便秘，对青春痘、肌肤干燥等有调理作用。

冬枣苹果汁

原料配比

冬枣10个,苹果1个,蜂蜜适量,纯净水半杯。

制作方法

苹果洗净,去核,切块。冬枣洗净,去核。将所有原料放入榨汁机搅打即可。

温馨提示

经常饮用这款蔬果汁,能淡斑,保持皮肤白皙红润。

油菜橘子汁

原料配比

油菜50克,橘子2个,柠檬半个,纯净水半杯,蜂蜜适量。

制作方法

油菜洗净,切段。橘子去皮,去籽,切块。柠檬洗净,切块。将所有原料放入榨汁机搅打即可。

温馨提示

油菜富含维生素A、维生素C与钙。可美化肌肤。

鳄梨牛奶

原料配比

鳄梨 1 个，牛奶 200 毫升，蜂蜜适量。

制作方法

鳄梨切半，用勺挖出果肉。将鳄梨、牛奶放入榨汁机搅打，调入蜂蜜即可。

温馨提示

这款蔬果汁可有效降低胆固醇，去除黑斑，美白肌肤。

菠萝橘子汁

原料配比

菠萝 1/4 个，橘子 2 个，柠檬汁适量，梨半个。

制作方法

菠萝去皮，切块，用盐水浸泡 10 分钟。橘子、梨分别去皮，切块。将所有原料放入榨汁机搅打即可。

温馨提示

橘子富含维生素 C，是美容圣品；菠萝富含 B 族维生素，能滋养肌肤；梨能清热去火。这款蔬果汁能消斑去痘，让肌肤白皙有弹性。

草莓山楂汁

原料配比

草莓 8 个，山楂 6 个，纯净水半杯。

制作方法

草莓去蒂，洗净，切成块。山楂洗净，去籽，切成块。将草莓、山楂放入榨汁机，加纯净水搅打即可。

温馨提示

草莓富含维生素 C，这款蔬果汁能养颜润肤，消除疲劳，预防动脉硬化。

杧果橘子苹果汁

原料配比

杧果 1 个，橘子 1 个，苹果半个，柠檬汁、蜂蜜各适量。

制作方法

杧果切半，去皮取肉，切成小块。橘子去皮，去籽，掰成小瓣。苹果洗净，去核，切块。将所有原料放入榨汁机搅打即可。

温馨提示

杧果富含 β-胡萝卜素，橘子、柠檬富含维生素 C，苹果富含膳食纤维。这款蔬果汁能排毒养颜，润肤美白。

橙子木瓜牛奶

原料配比

橙子1个，木瓜1/4个，牛奶200毫升，柠檬汁适量。

制作方法

先将橙子和木瓜治净切成小块，然后将所有原料放入榨汁机搅打即可。

温馨提示

橙子富含维生素C，有美白功效；木瓜中的木瓜酶能清除皮肤老化角质。这款蔬果汁能够修护肌肤，让肌肤光泽、白皙。

苹果猕猴桃汁

原料配比

苹果1个，猕猴桃1个，纯净水半杯。

制作方法

苹果洗净，去核，切成块。猕猴桃去皮，切成块。将苹果、猕猴桃放入榨汁机，加纯净水搅打即可。

温馨提示

这款蔬果汁富含维生素C及膳食纤维，可润肠通便，美容养颜，还能提高身体免疫力，预防感冒。

黄瓜苹果橙子汁

原料配比

黄瓜1根，苹果1个，橙子1个，柠檬汁、蜂蜜各适量，纯净水半杯。

制作方法

黄瓜洗净，切段。苹果洗净，去核，切块。橙子切块，去皮，取肉。将上述原料放入榨汁机搅打即可。

温馨提示

这款蔬果汁除可美白功效，还能纤体瘦身。

草莓香瓜菠菜汁

原料配比

草莓5个，香瓜1/4块，菠菜50克，蜜柑1个，纯净水半杯。

制作方法

草莓去蒂洗净，切块。香瓜去皮，去瓤，切块。菠菜洗净、切段，蜜柑去皮去籽。将所有原料放入榨汁机搅打即可。

温馨提示

菠菜能滋阴润燥、通便排毒。草莓富含维生素C，可美白润肤。

草莓萝卜牛奶

原料配比

草莓 5 个，白萝卜 50 克，牛奶 100 毫升，炼乳适量。

制作方法

草莓去蒂，洗净，切成块。白萝卜洗净，切块。将草莓、白萝卜、牛奶放入榨汁机搅打即可。

温馨提示

草莓中维生素 C 的含量相当高，搭配白萝卜、牛奶榨汁，有助于防止皮肤起斑，助消化，防胃胀。

胡萝卜西瓜汁

原料配比

胡萝卜 1 根，西瓜 1/4 个。

制作方法

胡萝卜洗净，切成小块。西瓜用勺子挖出瓜瓤，去籽。将胡萝卜、西瓜放入榨汁机中榨汁。

温馨提示

胡萝卜中的胡萝卜素可清除导致人衰老的自由基，西瓜中含有提高皮肤生理活性的多种氨基酸。这款蔬果汁有滋润皮肤、增强皮肤弹性、抗衰老的辅助作用。

荸荠梨汁

原料配比

荸荠6个，梨1个，生菜50克，麦冬15克(热水泡一晚)，蜂蜜适量。

制作方法

荸荠洗净，去皮，切半。梨去皮，去核，切块。生菜洗净撕片。将所有原料放入榨汁机搅打即可。

温馨提示

这款蔬果汁能促进血液循环，增强肌肤细胞活力，促进新陈代谢，抑制皮肤毛囊细菌的生长。

桑葚牛奶

原料配比

桑葚80克，牛奶200毫升。

制作方法

桑葚洗净，和牛奶倒入榨汁机搅打即可。

温馨提示

桑葚有改善皮肤血液供应、营养肌肤及乌发等作用，并能延缓衰老。

第六章　清肠排毒的蔬果汁

毒素是一种可以干预正常生理活动并破坏机体功能的物质。内在毒素如：自由基，胆固醇，脂肪，尿酸，乳酸，水毒和瘀血。一般我们所谓的“毒”是指对人体有不良影响的物质——尤其是宿便在肠道内的残留。

体内积累太多的毒素就会让人长痘、口腔溃疡、便秘，甚至造成肥胖。排毒的关键是既要治标又要治本，配合饮食、生活规律、运动乃至心情调节，多管齐下彻底排毒，畅通人体生物管道，把这些毒素排出去，以增加人体自身的免疫力。

我们应该如何排毒清肠，帮身体释放毒素呢？

肠道可以迅速排除毒素，但是如果消化不良，就会造成毒素停留在肠道，被重新吸收，给健康造成巨大危害。多饮水可以促进新陈代谢，缩短粪便在肠道停留的时间，减少毒素的吸收，溶解水溶性的毒素。最好在每天清晨空腹喝一杯温开水。此外清晨饮水还能降低血液黏度，预防心脑血管疾病。

蔬果汁中的维生素C、B族维生素可促进人体排出积攒的有毒代谢物质，常饮蔬果汁能帮你轻松排毒清肠、瘦身美颜。

以下这些是具有排毒功能的食品，能够帮助清理体内垃圾，常吃很有好处：如蜂蜜、草莓、胡萝卜、海带、木耳、黑木耳、黄瓜、苦瓜、绿豆、茶叶、魔芋、芹菜、雪梨，等等。

能控制肥胖和帮助减肥的食物主要有：燕麦、荞麦、红豆、绿豆、大豆、薏米、麦麸、柑橘、苹果、菠萝、梨、柚子、橙子、杨梅、葡萄、枇杷、李子、山楂、草莓、芹菜、竹笋、芦笋、韭菜、莴笋、胡萝卜、白萝卜、山药、洋葱、番茄、黄瓜、西瓜、冬瓜、大白菜、豆芽、圆白菜、苋菜、香菇、大蒜、黄花菜、马齿苋、红薯、魔芋、兔肉、猪瘦肉、鱼肉、牛奶、鸡蛋清、海带、茶叶和鲜嫩荷叶等。

蔬果汁减肥法，并不是每天只喝蔬果汁，不吃其他食物，而是在拒绝高热量食物、适当减少食物摄入量的同时，适量饮用蔬果汁，补充维生素。

营养学家和社会学家呼吁，减肥一定要适度，不能过度，以免影响健康，造成危害。最好通过饮食和运动等天然方法减肥。

萝卜果檬汁

原料配比

苹果 200 克，草莓 50 克，胡萝卜 100 克，柠檬汁 25 毫升，冰块少许，凉开水 50 毫升。

制作方法

将苹果去皮和核，切成小块。草莓洗净去蒂。胡萝卜切成小块。三者均放入榨汁机内榨汁，再加入凉开水、柠檬汁和冰块即可。

温馨提示

苹果含有丰富的纤维质，有助于排泄，对促进新陈代

谢、延缓衰老及增强身体免疫力等都有帮助。

苹果柠檬汁

原料配比

苹果100克,柠檬汁25毫升,白汽水30毫升,冰块少许。

制作方法

将苹果洗净去皮和核,切成小块,放入榨汁机内榨汁,再加入柠檬汁、白汽水和冰块搅匀即可。

温馨提示

苹果可以安眠养神,益心补气,消食化积,降低胆固醇和血压,有利于减肥。

黄瓜苹果汁

原料配比

黄瓜1根,苹果1个,纯净水半杯。

制作方法

黄瓜洗净,切段。苹果洗净,去核,切成小块。将黄瓜、苹果和纯净水倒入榨汁机搅打即可。

温馨提示

黄瓜富含钾,可以排出体内多余水分,且清热解毒。可以去油腻,瘦身减肥。

椒菠果莓汁

原料配比

苹果200克，菠萝肉100克，甜椒30克，草莓80克，芹菜50克，冰块少许，凉开水150毫升。

制作方法

将苹果洗净去皮和核，切成小块，菠萝肉、甜椒、草莓、芹菜洗净后切成小块，一起放入榨汁机内，加入凉开水榨汁，再放入少许冰块搅匀即可。

温馨提示

减肥瘦身，补血补虚，润肠通便，增强体质。草莓含有丰富的维生素C、胡萝卜素、磷酸钙等重要的营养物质。这些营养物质可增加皮肤的抵抗力。

苹果乳蜜汁

原料配比

苹果150克，原味酸奶80毫升，蜂蜜25毫升，冰块少许，凉开水150毫升。

制作方法

将苹果洗净去皮和核，切成小块，放入榨汁机内榨汁，然后加入原味酸奶、蜂蜜和凉开水搅匀，再放入少许冰块即可。

温馨提示

苹果内含有钾盐，可使体内的钠盐及过多的盐分排出体外，有助于降低血压和减肥。

双菜果檬汁

原料配比

苹果200克，圆白菜150克，芹菜100克，柠檬汁30毫升，蜂蜜20毫升，凉开水50毫升。

制作方法

将苹果去皮和核，切碎后捣烂成泥。圆白菜和芹菜洗净切碎后捣烂取汁。将苹果泥和菜汁混合，加入柠檬汁、凉开水和蜂蜜搅匀即可。

温馨提示

轻身减肥，健脾和胃。这款果汁含有大量维生素C，有健胃之功能，对于胃痛和轻度胃溃疡患者有辅助疗效。

菠萝苹果汁

原料配比

菠萝250克，苹果150克，冰块少许。

制作方法

将菠萝去皮后切成小块，苹果洗净去核后切成小块，一起放入榨汁机内榨汁，再加入少许冰块搅匀即可。

温馨提示

清理肠胃，排毒保健，减肥瘦身。苹果含有碳水化合物、蛋白质、脂肪等多种维生素和矿物质，能够保持血糖稳定，降低过旺的食欲，有利于减肥。

菠萝茄檬汁

原料配比

菠萝肉 150 克，番茄 100 克，柠檬汁 20 毫升，蜂蜜、冰块各少许。

制作方法

将菠萝肉切成小块，番茄洗净去皮后切成小块，一起放入榨汁机内榨汁，再加入柠檬汁、蜂蜜和冰块搅匀即可。

温馨提示

减肥瘦身，解暑止渴，消食止泻，为夏季时令佳品。

苦瓜菠萝汁

原料配比

去皮菠萝 200 克，苦瓜 100 克，柠檬汁 30 毫升，蜂蜜 40 毫升，冰块少许，凉开水 100 毫升。

制作方法

将菠萝和苦瓜均切成小块，与凉开水一同放入榨汁机中榨汁，然后与柠檬汁、蜂蜜和冰块混合即可。

温馨提示

苦瓜富含维生素C和奎宁精，能增强免疫力，有利于人体皮质新生，使面部皮肤变得细嫩。

枇杷菠萝汁

原料配比

枇杷200克，甜瓜80克，菠萝150克，蜂蜜40毫升，冰块少许，凉开水100毫升。

制作方法

将枇杷洗净去皮。甜瓜洗净去皮，切成小块。菠萝去皮后切成块。三者均放入榨汁机中，加入凉开水榨汁。再加入蜂蜜和少许冰块搅匀即可。

温馨提示

美白消脂，润肤丰胸，减肥瘦身。枇杷富含人体所需的各种营养元素，常食枇杷可止咳、润肺、利尿、健胃、清热，对肝脏疾病也有一定辅助疗效。

海带柠檬汁

原料配比

鲜海带100克，柠檬150克，凉开水150毫升。

制作方法

将海带洗净擦干，用刀在上面划出较细密的刀痕，放入凉开水中浸泡1小时后取出。将柠檬压取汁，加入海带水搅

匀即可。

温馨提示

海带中的碘能促进甲状腺激素的分泌，与柠檬并用有减肥作用。

葡萄杧瓜汁

原料配比

葡萄 200 克，仙人掌 40 克，杧果 150 克，甜瓜 250 克，冰块少许。

制作方法

将葡萄和仙人掌去杂洗净，杧果挖出果肉，甜瓜去皮和子后切成小块，一起放入榨汁机内榨汁，再撒入少许冰块搅匀即可。

温馨提示

消除疲劳，缓解便秘，预防贫血，抑脂瘦身。还有清热解毒、健胃补脾、清咽润肺和养颜护肤等诸多作用。

蜜橙减肥汁

原料配比

橙子 300 克，蜂蜜、冰块各少许。

制作方法

将橙子去皮后切成小块，放入榨汁机内榨汁。再淋入蜂蜜，加入少许冰块搅匀即可。

温馨提示

瘦身减肥，排毒保健。

柚子甜凉汁

原料配比

柚子1个，糖水50毫升，冰块少许。

制作方法

将柚子洗净切块压成汁，与糖水、冰块一起放入摇拌杯中，盖紧盖子摇匀即可。

温馨提示

消除身体多余脂肪，达到减肥瘦身的效果。

芦荟西瓜汁

原料配比

西瓜600克，芦荟肉60克，盐、冰块各少许。

制作方法

将西瓜洗净，剖开取肉，放入榨汁机中榨汁，然后加入芦荟肉、少许盐及冰块搅匀即可。

温馨提示

西瓜汁可促进人体排出废物及毒素，清洁尿道和肾脏，激活机体细胞，延缓衰老。芦荟是美容、减肥和防治便秘的佳品，对脂肪代谢、胃肠功能和排泄系统都有很好的调理作用。

西瓜蜜奶汁

原料配比

西瓜 120 克，牛奶 200 毫升，蜂蜜 25 毫升，凉开水 50 毫升。

制作方法

将西瓜去皮、子，用榨汁机榨汁，再加入牛奶、凉开水和蜂蜜搅匀即可。

温馨提示

生津止渴、清热解暑，利尿消肿，促代谢和减肥美容。

牛奶西瓜汁

原料配比

西瓜瓤 200 克，牛奶 250 毫升，冰糖 50 克。

制作方法

将西瓜瓤榨取汁液，再加入牛奶和冰糖搅匀即可。

温馨提示

养阴消暑，嫩肤增白，减肥瘦身。

麻甜冬瓜汁

原料配比

冬瓜 200 克，姜片 60 克，蜂蜜 20 毫升，冰块少许， 凉开

水200毫升。

制作方法

将冬瓜洗净去皮，切成小块，放入榨汁机内，倒入凉开水和姜片搅打成汁，然后加入蜂蜜和冰块搅匀即可。

温馨提示

利水消肿，瘦身减肥。

冬瓜果檬汁

原料配比

冬瓜200克，苹果100克，柠檬汁20毫升，冰糖少许。

制作方法

将冬瓜削皮后切成小块，苹果带皮去核，切成小块，一起放入榨汁机内榨汁，然后加入柠檬汁和冰糖搅匀即可。

温馨提示

消除暑热，促进新陈代谢，去脂减肥。

番茄黄瓜汁

原料配比

番茄400克，黄瓜400克，鲜玫瑰花50克，柠檬汁25毫升，蜂蜜25毫升，凉开水100毫升。

制作方法

将番茄去皮，黄瓜和玫瑰花洗净，一起放入榨汁机内榨

汁。在汁内加入凉开水、柠檬汁和蜂蜜拌匀即可。

温馨提示

细腻肌肤，减肥瘦身，并有降低胆固醇的作用。

萝卜果奶饮

原料配比

胡萝卜 250 克，苹果 80 克，牛奶 250 毫升，冰块少许。

制作方法

将胡萝卜和苹果洗净，去皮后切成小块，放入榨汁机内榨汁，然后加入牛奶、少许冰块搅匀即可。

温馨提示

安眠养神、补益心气和消食化积，有利于减肥。

西兰花西红柿圆白菜汁

原料配比

西兰花 30 克，西红柿 1 个，圆白菜 50 克，柠檬汁适量。

制作方法

西兰花洗净，掰小朵，茎切成小块。西红柿去蒂，洗净，切成小块。圆白菜洗净，撕成小片。将所有原料放入榨汁机内搅打，再调入柠檬汁即可。

温馨提示

这款蔬果汁富含膳食纤维，不但能排毒养颜，还能瘦身减肥。

芦荟苹果汁

原料配比

芦荟150克,苹果1个,蜂蜜少许。

制作方法

芦荟、苹果分别去皮,切成小块,一同榨汁,再调入蜂蜜即可。

温馨提示

芦荟对脂肪代谢、胃肠功能、排泄系统都有调理作用,和苹果搭配榨汁能达到美容瘦身的功效。

圆白菜猕猴桃汁

原料配比

圆白菜100克,菠菜100克,猕猴桃1个,柠檬汁、蜂蜜各适量,纯净水半杯。

制作方法

圆白菜、菠菜分别洗净,切成适当大小。猕猴桃去皮,切块。将圆白菜、菠菜、猕猴桃和纯净水放入榨汁机内搅打,再调入柠檬汁和蜂蜜即可。

温馨提示

这款蔬果汁富含膳食纤维和维生素,能促进体内毒素

排出，达到瘦身效果。

芹菜胡萝卜汁

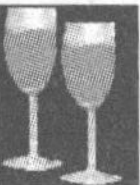

原料配比

芹菜1根，胡萝卜2根，蜂蜜适量，纯净水半杯。

制作方法

芹菜去叶洗净，切段。胡萝卜洗净，切成小块。将所有原料放入榨汁机内搅打即可。

温馨提示

芹菜富含膳食纤维，又有利尿功效，和富含β-胡萝卜素的胡萝卜榨成蔬果汁，不但能满足日常人体所需营养素，而且能减肥瘦身。

绿茶酸奶

原料配比

绿茶粉2勺，苹果1个，酸奶200毫升。

制作方法

苹果洗净，去核，切成小块。将所有原料放入榨汁机内搅打即可。

温馨提示

苹果富含膳食纤维，酸奶能促进肠胃蠕动，清除肠道垃圾，阻止糖类吸收。这款饮品能还能美白润肤，瘦身减肥。

芹菜芦笋汁

原料配比

芹菜 1 根，芦笋 5 根，柠檬汁、蜂蜜各适量，纯净水 1 杯。

制作方法

芹菜、芦笋分别洗净，切成小段，和纯净水放入榨汁机内搅打，再调入柠檬汁和蜂蜜。

温馨提示

芦笋热量低，且富含膳食纤维。这款蔬果汁能清理肠道，帮助消化。

菠萝冰糖汁

原料配比

菠萝 1/4 个，冰糖少量，纯净水半杯。

制作方法

菠萝去皮，切成小块，用盐水浸泡 10 分钟。将菠萝、纯净水放入榨汁机内搅打，放入冰糖即可。

温馨提示

菠萝富含膳食纤维，可以促进肠胃蠕动，排毒护肤，轻松享受瘦身。

苹果柠檬汁

原料配比

苹果1个，柠檬半个，纯净水半杯。

制作方法

苹果洗净，去核，切成小块。柠檬去皮，切成小块。将苹果、柠檬放入榨汁机，加纯净水搅打即可。

温馨提示

这款蔬果汁能降低过旺的食欲，还有美白瘦身的功效。

海带黄瓜芹菜汁

原料配比

海带1片，黄瓜1根，芹菜1根，纯净水1杯。

制作方法

海带洗净，泡水，煮熟，撕成小块。黄瓜洗净，去皮，切段。芹菜洗净，带叶切碎。将黄瓜、芹菜依次放入榨汁机，倒入纯净水搅打，滤去蔬菜残渣。最后加入海带，与蔬菜汁充分搅拌即可。

温馨提示

海带、黄瓜、芹菜三管齐下榨汁，是优秀的抗氧化剂，让身体内的毒素无处藏身。

土豆莲藕汁

原料配比

土豆 1 个，莲藕 1 节，蜂蜜、冰块各适量。

制作方法

土豆、莲藕均洗净，去皮，煮熟，切小块。将土豆、莲藕放入榨汁机内搅打，调入蜂蜜，放入冰块即可。

温馨提示

土豆是低热量食物，莲藕含有丰富的维生素 C 和膳食纤维。这款蔬果汁能清除体内毒素，对便秘、肝病患者十分有益。

猕猴桃葡萄汁

原料配比

猕猴桃 1 个，葡萄 20 粒，菠萝 1 块，青椒 1 个，纯净水适量。

制作方法

猕猴桃、菠萝均去皮，切小块，菠萝用盐水泡 10 分钟。葡萄去皮，去籽。青椒切小块。将所有原料放入榨汁机内搅打即可。

温馨提示

猕猴桃富含维生素 C、碳水化合物、氨基酸。这款蔬果汁能调节肠胃，增强免疫力，稳定情绪。

香蕉火龙果汁

原料配比

香蕉1根，火龙果半个，酸奶200毫升。

制作方法

香蕉、火龙果均去皮，切块，放入榨汁机中，和酸奶一起打成果汁即可。

温馨提示

解毒、降压、抗辐射。促进体内毒素的排出，使肠胃轻松。

菠菜胡萝卜苹果汁

原料配比

菠菜100克，胡萝卜2根，苹果半个，纯净水半杯，蜂蜜适量。

制作方法

菠菜洗净，切段。胡萝卜、苹果均去皮，切小块。将上述原料和纯净水、蜂蜜一起放入榨汁机内搅打即可。

温馨提示

菠菜富含叶酸和铁，苹果富含维生素C，能促进铁质的吸收。这款蔬果汁是排毒、美容、纤体的佳品。

草莓柠檬汁

原料配比

草莓 6 个，柠檬半个。

制作方法

草莓洗净，去蒂，切块。柠檬切块。将草莓、柠檬放入榨汁机内搅打即可。

温馨提示

这款蔬果汁可以改善胃肠疾病，还有美容瘦身的功效。

火龙果猕猴桃汁

原料配比

火龙果半个，猕猴桃 1 个，蜂蜜适量。

制作方法

火龙果、猕猴桃均去皮，切成小块，放入榨汁机内搅打，再调入蜂蜜即可。

温馨提示

火龙果含有植物性蛋白、维生素和膳食纤维，还含有抗氧化、抗衰老的花青素，和猕猴桃一同榨汁饮用，能润肠通便，美白皮肤，抑制黑斑。

苹果梨汁

原料配比

苹果2个，梨1个。

制作方法

苹果、梨分别洗净，去皮去核，切成小块，放入榨汁机内搅打即可。

温馨提示

这款蔬果汁既便宜又有营养，富含膳食纤维，有助于排毒清肠，防止便秘，改善肤色暗沉。

苦瓜橙子苹果汁

原料配比

苦瓜50克，橙子2个，苹果1个，蜂蜜、柠檬汁各适量，纯净水半杯。

制作方法

苦瓜洗净，去子，切成小块。橙子、苹果分别洗净，去皮，切成小块。将所有原料放入榨汁机搅打，再调入柠檬汁和蜂蜜即可。

温馨提示

苦瓜具有清热解毒的功效，和苹果、橙子榨汁，能促进肠胃蠕动，清理肠道，排出体内毒素。

蜂蜜牛奶果汁

原料配比

蜂蜜1匙，牛奶100克，香蕉1个，苹果半个。

制作方法

香蕉、苹果去皮去核，切成小块，将牛奶、蜂蜜、香蕉、苹果一起放入榨汁机中榨汁即可。

温馨提示

开胃利肠，对食欲不振、大便干燥者有一定功效。

芹菜菠萝汁

原料配比

芹菜半根，菠萝1/4个。

制作方法

芹菜去筋留叶，洗净，切成小段。菠萝去皮，用盐水浸泡10分钟，把果肉切小块。将芹菜、菠萝依次放入榨汁机中搅打。

温馨提示

菠萝含有丰富的维生素C，芹菜则含有大量的膳食纤维。两者搭配，有利于促进肠蠕动，对便秘者有益。

芹菜猕猴桃酸奶

原料配比

芹菜半根,猕猴桃 1 个,酸奶 200 毫升。

制作方法

芹菜去根留叶,洗净,切成小段。菠萝去皮,用盐水浸泡 10 分钟,切成小块。将芹菜、菠萝和酸奶一起放入榨汁机中榨汁。

温馨提示

猕猴桃含有丰富的维生素 C;芹菜则含有大量的膳食纤维;酸奶能刺激肠胃蠕动。三者搭配,有利于通便,排毒养颜。

无花果李子汁

原料配比

无花果 3 个,李子 3 个,猕猴桃 1 个,纯净水半杯。

制作方法

无花果剥皮切成 4 等份,李子洗净,去核,猕猴桃去皮切成小块。所有原料放入榨汁机中搅打。

温馨提示

促进肠蠕动,帮助排便。但过量饮用容易引起胃痛。

杧果菠萝猕猴桃汁

原料配比

杧果1个，菠萝1/6块，猕猴桃1个，纯净水半杯。

制作方法

杧果洗净，去皮去核。菠萝去皮，在盐水中浸泡10分钟，再冲洗干净。猕猴桃洗净去皮。将上述原料切成小块，放入榨汁机内加纯净水搅打即可。

温馨提示

味道清凉酸甜，果香浓郁。这款蔬果汁富含维生素、矿物质和膳食纤维，能减轻便秘、痔疮的痛苦。

苹果芹菜草莓汁

原料配比

苹果1个，芹菜半根，草莓8个，纯净水半杯。

制作方法

苹果、芹菜、草莓分别洗净。苹果去核，切小块。芹菜连叶切小段。将苹果、芹菜、草莓一起放入榨汁机中，加纯净水搅打成汁即可。

温馨提示

这款蔬果汁富含膳食纤维，可以排毒养颜，对痔疮患者有益。

芦荟西瓜汁

原料配比

芦荟 2 片，西瓜 500 克。

制作方法

芦荟去皮取肉，切成小块。西瓜去皮去子，切成小块。将芦荟、西瓜放入榨汁机内搅打即可。

温馨提示

清热通便，利尿降火。对便秘、痔疮有辅助食疗功效。

香蕉酸奶

原料配比

香蕉 1 根，酸奶 250 毫升，纯净水半杯，果糖适量。

制作方法

香蕉去皮，切段。将所有原料一同放入榨汁机内打匀即可。

温馨提示

香蕉能消食化滞，酸奶富含的乳酸菌可以清除肠道毒素，通便养颜。

第七章　预防“三高”的蔬果汁

“三高症”是指高血压、高血糖（糖尿病）和高脂血症。它们是现代社会所派生出来的“富贵病”，可能单独存在，也可能相互关联。所以，出现这三种疾患中的任何一种，后期都易形成“三高症”。

三高症属于高发慢性非传染性疾病，在我国以其高患病率、高危险性、高医疗费用著称。三高症已成为危害中老年朋友身心健康的突出问题。很多人深受其害，一旦患病常伴随终身，药物治疗花样翻新，药物用量越来越多，不仅“三高症”没能治好，药物的毒副作用也严重损害了肝、肾、眼、心等重要脏器的功能，直接影响生活质量。

关于“什么时候发现自己患上三高症的”的问题，据调查结果显示：20 岁以下的为 0.00％，20～30 岁的为 8.24％，30～40 岁的为 33.71％，40～50 岁的为 37.45％，50 岁以上的为 16.85％。我们可以发现，40 岁前发现自己已经被三高症缠上的网友已经超过了四成。由于三高症的早期可以毫无症状，通常在体检时才能被发现，因此人们实际患上三高症的年龄往往比发现的时间还早，三高的年轻化现象应该引起大家的重视。

选择适合自己的果汁食材既可以预防疾病，又能辅助治疗疾病。例如，患有糖尿病的人可以选择能够降低血糖值、促进胰岛素分泌的果汁食材；患有高血压的人可以选择

能促进人体排泄胆固醇和钠的食材；动脉硬化、心脏病、脑中风患者可以选择能够稀释血液、改善血液循环的食材；而采用可以减少血液中脂肪的果汁食材则能够预防高脂血症。高血压和糖尿病都与高脂血有关，因此防治高血压与糖尿病也应同时调节血脂。

在日常生活中，除了戒烟限酒、多运动外，还要注意饮食，对症喝自制蔬果汁能辅助起到平稳“三高”的功效。当然，有一部分人控制饮食和身体锻炼也达不到降低三高的效果，就需要采取药物治疗措施。

另外，喝蔬果汁虽然有利于健康，但是也不能保证在短时间内见效，关键在于经常坚持。

洋葱橙子汁

原料配比

洋葱半个，橙子半个，矿泉水适量。

制作方法

把洋葱的老皮剥去后切成大块。把洋葱块放进微波炉里加热至变软为止。将带皮的橙子洗净切成小块。把洋葱橙子混合后加入矿泉水，倒入榨汁机搅拌榨汁。

温馨提示

洋葱含有前列腺素 A，能降低外周血管阻力，降低血黏度，可用于降低血压、提神醒脑、缓解压力、预防感冒。此外，还能清除体内氧自由基，增强新陈代谢能力，预防骨质疏松，是适合中老年人的保健饮品。

芹菜胡萝卜柚汁

原料配比

芹菜 1 根，葡萄柚半个，胡萝卜半根，纯净水 1 杯。

制作方法

芹菜洗净，切段，保留叶子。胡萝卜洗净，切小块。葡萄柚去皮，去籽。将上述原料和纯净水一起放进榨汁机中榨汁即可。

温馨提示

葡萄柚中富含维生素 C，有清除体内的自由基、抑制糖尿病和血管病变的辅助作用。另外，还能够预防糖尿病患者发生感染性疾病。

芝麻胡萝卜酸奶汁

原料配比

酸奶 300 毫升，胡萝卜半根，芝麻两大勺(每勺容量为 15 毫升)。

制作方法

将胡萝卜洗净放入微波炉加热后切碎。将胡萝卜和酸奶一起放入榨汁机，再加入芝麻榨汁。

温馨提示

芝麻同时含有亚麻酸和维生素 E，两者同时存在，不但防止了亚麻酸容易氧化的缺点，又起到协同作用，加强了对动脉硬化和高血压的辅助治疗效果。

荞麦茶猕猴桃果汁

原料配比

猕猴桃1个，荞麦茶400毫升。

制作方法

剥掉猕猴桃的皮，切成适当大小。将猕猴桃和荞麦茶放入榨汁机内搅拌榨汁。

温馨提示

可以用市售的荞麦茶，也可以用荞麦榨的汁。

西红柿苦瓜汁

原料配比

西红柿1个，苦瓜半根，纯净水适量。

制作方法

西红柿去蒂，洗净。苦瓜洗净去子。将西红柿、苦瓜切成小块，放入榨汁机中加适量纯净水榨汁。

温馨提示

苦瓜含大量多肽类的一种类胰岛素的物质，能促使血液中的葡萄糖转换为热量，起到降低血糖的作用，故被称为“植物胰岛素”。这款蔬果汁对糖尿病患者大有益处。

石榴草莓牛奶

原料配比

石榴 1 个，草莓 4 个，牛奶 200 毫升。

制作方法

石榴洗净，去皮后将籽掰碎放入敞口杯中，捣汁。草莓洗净去蒂，切成小块。将石榴汁、草莓放入榨汁机，再放入牛奶，搅打成汁即可。

温馨提示

石榴汁含有维生素 C 和多种氨基酸。这款蔬果汁具有助消化、降血脂、降血糖、降胆固醇的辅助效果。

猕猴桃芦笋苹果汁

原料配比

猕猴桃 1 个，芦笋 4 根，苹果半个，柠檬 1/4 个，纯净水半杯。

制作方法

猕猴桃去皮，切成小块。芦笋洗净，切成小段。苹果洗净，去核，切成小块。柠檬榨汁备用。将所有原料放入榨汁机搅打即可。

温馨提示

芦笋富含钾离子且含钠量低，对控制血压、降低血糖有很好的辅助作用。这款蔬果汁还是美白瘦身的佳饮。

山药汁

原料配比

山药约10厘米长，牛奶300毫升。

制作方法

把山药用水洗净，去皮切成块。将山药块和牛奶放进榨汁机内榨汁。

温馨提示

山药富含多种维生素、氨基酸和矿物质，可以防治人体脂质代谢异常，以及动脉硬化，对维护胰岛素正常功能也有一定作用，还有增强人体免疫力、益心安神、宁咳定喘、延缓衰老等保健作用。

火龙果胡萝卜汁

原料配比

火龙果1个，胡萝卜1根，纯净水半杯。

制作方法

火龙果去皮，切成小块。胡萝卜洗净，切成小块。二者和纯净水一起放入榨汁机内搅打即可。

温馨提示

火龙果具有高膳食纤维、低糖分、低热量的特性，和胡萝卜一起榨汁，对糖尿病、高血压、高脂血等有很好的辅助疗效，对肌肤也有淡化斑点、防止老化的作用。

西红柿柚子汁

原料配比

西红柿 1 个，柚子 3～4 瓣，纯净水半杯。

制作方法

西红柿去蒂洗净，切成小块。柚子去皮去子，切成小块。将西红柿、柚子放入榨汁机内，加纯净水搅打即可。

温馨提示

西红柿和柚子都富含维生素 C，二者一起榨汁饮用，低糖低热量，是糖尿病患者的理想饮品，还能去斑、瘦身、美白。

苹果汁

原料配比

苹果半个，矿泉水 400 毫升。

制作方法

把苹果皮核去除后切成大块，和矿泉水一起放入榨汁机榨汁。

温馨提示

糖尿病是由胰岛素不足引起的，如果人体缺少钾的话，胰岛素的作用就会减弱。

喝苹果汁可以补充钾。还有利于降低糖尿病患者的血糖含量。

菠萝豆浆果汁

原料配比

新鲜菠萝肉半个,豆浆400毫升。

制作方法

将菠萝肉切成大小适中的块状,和豆浆一同放进榨汁机里进行搅拌榨汁。

温馨提示

阻止体内脂质被氧化,去除血液中多余的脂质,维持人体内胆固醇和甘油三酯的平衡。

桃子乌龙茶果汁

原料配比

桃半个,乌龙茶400毫升。

制作方法

把桃削皮后切成大小适中的块状。把桃块和乌龙茶放进榨汁机内榨汁。

温馨提示

可以用茶叶自己泡,也可以直接用市售的乌龙茶。吃中餐的时候饮用乌龙茶比较好,因为能够促进脂质的分解。

洋葱蜂蜜汁

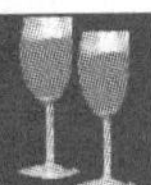

原料配比

洋葱半个，蜂蜜30毫升。

制作方法

蜂蜜倒入400毫升的矿泉水。将洋葱剥皮后切成大块，放入微波炉里加热至变软为止。在洋葱里加入蜂蜜水，倒入榨汁机里榨汁。

温馨提示

洋葱中所含的硫磺化合物能够抑制加速脂肪和胆固醇合成的酶的作用。它能够减少血液中脂肪和胆固醇的含量，对高脂血患者也有相当好的效果。

西兰花绿茶汁

原料配比

西兰花2朵，绿茶400毫升。

制作方法

将西兰花在热水中迅速焯一下，或放在微波炉中加热。将加热后的西兰花和绿茶一起放入榨汁机中榨汁。

温馨提示

绿茶中含有的儿茶酚浓度越大，其健康效果越好。根据产地、做法和茶叶的不同，绿茶分很多种类。即使是同一种茶叶，在收获时茶叶中的儿茶酚的含量也会不同。选择

有苦味的、颜色浓的绿茶比较好。

土豆茶汁

原料配比

土豆半个，红茶400毫升。

制作方法

将土豆洗净去皮在热水中迅速焯一下，或放在微波炉中加热。将土豆切碎和红茶一起放入榨汁机中榨汁。

温馨提示

绿茶经过半发酵就变成了乌龙茶，如果完全发酵的话就变成了红茶。红茶中儿茶酚的含量比绿茶中的含量少，但是红茶中的茶红素、茶黄素这两种类黄酮的含量要比绿茶多，它们具有很强的抗氧化作用。

香蕉大豆果汁

原料配比

香蕉1根，牛奶400毫升，大豆粉30毫升。

制作方法

剥掉香蕉皮和果肉上的果络，环切成适当大小的圆块状，放入榨汁机中，加入牛奶、大豆粉榨汁。

温馨提示

大豆粉是大豆炒后磨成的粉，它的营养成分和大豆几

乎相同。大豆蛋白质可以降低血液中脂质含量。大豆中的卵磷脂能够缓解高血压，大豆皂角苷则能防止不饱和脂肪酸被氧化。

橙子豆浆果汁

原料配比

橙子半个，豆浆 400 毫升。

制作方法

将橙子洗净连皮切碎和豆浆一起放入榨汁机中榨汁。

温馨提示

豆浆和大豆都含有异黄酮、皂角苷、卵磷脂。橙子中含有一种叫做“辛弗林”的酸性成分，所以橙子果汁喝起来非常爽口。这种物质能够促进新陈代谢，减少体内脂肪的堆积。

香蕉可可果汁

原料配比

香蕉 1 根，牛奶 400 毫升，可可粉 30 克。

制作方法

剥掉香蕉皮和果肉上的果络，切成适当大小的圆片，放入榨汁机中，加入牛奶、可可粉榨汁。

温馨提示

香蕉中富含代谢糖类必需的维生素B,以及具有降压作用的钾。香蕉中的膳食纤维利用果胶和糖类增加肠道内的双歧杆菌,增强消化功能,改善肠道环境。

苹果蜂蜜汁

原料配比

苹果半个,蜂蜜水400毫升。

制作方法

苹果去皮并切成适当大小的块状,和蜂蜜水一起放入榨汁机中榨汁。

温馨提示

苹果中的钾能够促进人体产生胰岛素,有利于预防糖尿病。

番茄红彩椒汁

原料配比

红彩椒半个,番茄2个,矿泉水300毫升。

制作方法

去除彩椒籽,洗净切碎。把番茄划一个小口,用沸水浸泡一下剥去皮切成大块。把红彩椒和番茄放入榨汁机中,加入矿泉水搅拌榨汁。

温馨提示

番茄红素具有抗氧化作用，能够帮助人体产生有益胆固醇、扩张血管。红彩椒中辣椒红素的抗氧化作用也不亚于番茄中的番茄红素。

香蕉红茶果汁

原料配比

香蕉 1 根，红茶 400 毫升。

制作方法

香蕉去皮，切成适当大小的块状。将香蕉和红茶一起放入榨汁机中榨汁。

温馨提示

红茶中的红色素是一种多酚成分，具有抗氧化作用，能够防止血压上升和血液黏稠。另外，还能够预防动脉硬化，改善血液循环。

第八章　生血补血的蔬果汁

贫血的发病率极高，最常见的是缺铁性贫血。人体需要铁质合成血红素，进而制成红细胞。血红素的功能是携带氧气，所以当人体缺铁，影响体内血红蛋白的合成，就会出现面色苍白、头晕、乏力、气促、心悸等贫血症状。

平时应多吃含铁丰富的食物，如瘦肉、猪肝、蛋黄及海带、紫菜、木耳、香菇、豆类等。能预防贫血和补血的食物主要有：

动物肝脏、动物血、肉类、蛋黄、乌骨鸡、鳝鱼、豆科植物、全麦、小麦胚芽、柑橘、菠萝、番石榴、苹果、油梨、柠檬、樱桃、葡萄、草莓、李子、核桃、红枣、蜜枣、花生、桂圆、葡萄干、荔枝干、腰果、枸杞、番茄、红椒、木瓜、西兰花、菠菜、甜菜、香菜、芦笋、芦荟、胡萝卜、白萝卜、莲藕、山药、黄豆芽、香菇、木耳、海带和紫菜等。

值得注意的是，以上食物中有的胆固醇含量较高，“三高”患者应慎食。

水果中含有丰富的维生素 C 和果酸，可以促进铁的吸收，所含叶酸能制造红细胞所需营养素。餐后适当吃些水果或喝一杯蔬果汁，是预防贫血的好方法。贫血者最好不要喝茶，多喝茶只会使贫血症状加重。因为茶中含有鞣酸，饮后易形成不溶性鞣酸铁，从而阻碍铁的吸收。

菠菜果奶汁

原料配比

苹果300克，菠菜150克，牛奶250毫升。

制作方法

将苹果去皮和核后切碎，捣烂成苹果泥。菠菜洗净切碎，挤汁，与苹果泥和牛奶搅拌均匀即可。

温馨提示

调整胃肠，补血养颜。苹果营养丰富，含有人体所需的多种维生素。菠菜含有丰富的铁质。

苹果菠菜汁

原料配比

苹果150克，菠菜200克，柠檬汁30毫升，冰块少许。

制作方法

将苹果洗净，去皮和核，切成块，用淡盐水浸泡。菠菜洗净，切成小段。二者一起放入榨汁机内榨汁，再淋入柠檬汁，放入冰块搅匀即可。

温馨提示

缓解便秘，排毒养颜，预防贫血。菠菜含有大量的铁、维生素C和维生素A，可促进人体对铁元素的吸收利用，吸收率高达50%。这对于患缺铁性贫血的女性和体弱者极为有益。

果芹柠檬汁

原料配比

苹果1个,柠檬半个,芹菜30克,薄荷5克,糖少许。

制作方法

将苹果、柠檬、芹菜和薄荷分别洗净,切成小块,放入榨汁机内榨汁,再放入少许糖搅匀即可。

温馨提示

具有补血、补气、健胃、促进新陈代谢与血液循环等功效,可有效去除黑眼圈。

菠萝芹奶汁

原料配比

菠萝200克,芹菜150克,鲜牛奶250毫升,蜂蜜15毫升,冰块少许。

制作方法

将菠萝去皮后切成小块,芹菜洗净后切成小段,一起放入榨汁机内榨汁。在汁内加入鲜牛奶和蜂蜜搅匀,再加入少许冰块即可。

温馨提示

此汁对贫血患者来说,是一款佳品。

葡萄萝果汁

原料配比

苹果 500 克，葡萄 100 克，胡萝卜 150 克，糖 15 克。

制作方法

将苹果洗净去核，切成小块。葡萄一颗一颗摘下后洗净。胡萝卜去皮洗净，切成薄片。三者均放入榨汁机内榨汁，过滤取汁，放入糖搅匀即可。

温馨提示

清香甜醇，补血消暑，润肤美容，预防贫血。

番椒苹果汁

原料配比

苹果 100 克，番茄 150 克，青椒 25 克，盐、冰块各少许。

制作方法

将苹果洗净，去皮和核，切成小块。番茄洗净，去蒂，切成小块。青椒洗净，去蒂和子，切成小块。将三者放入榨汁机内榨汁，再放入盐和冰块搅匀即可。

温馨提示

增加食欲，帮助消化，促进肠蠕动，防止便秘，预防贫血。能增强体力，缓解因工作和生活压力造成的疲劳。

葡萄果奶汁

原料配比

苹果300克，葡萄150克，鲜牛奶250毫升，冰块少许。

制作方法

将苹果洗净，去皮和核，切成小块，与洗净的葡萄一起放入榨汁机内榨汁，然后加入鲜牛奶和冰块调匀即可。

温馨提示

嫩肤增白，预防贫血，消除疲劳。牛奶中含免疫球蛋白，能增强人体免疫抗病能力。苹果与葡萄能增强人的体力，有助于改善贫血及消除疲劳。

苹果蜜奶汁

原料配比

苹果2个，牛奶200毫升，蜂蜜20毫升，白兰地酒10毫升，冰块少许。

制作方法

将苹果削皮去核，在淡盐水中稍浸片刻后榨汁。再加入牛奶、蜂蜜、冰块和白兰地酒搅匀，如太浓也可加50～100毫升凉开水。

温馨提示

苹果中含有大量的苹果酸，能使积存在人体内的脂肪分散，防止体态过胖，常饮苹果汁还能增加血色素，使皮肤

细嫩红润，对贫血症者有一定疗效。

葡萄鲜奶汁

原料配比

葡萄 250 克，鲜牛奶 50 毫升，蜂蜜 10 毫升，冰块少许。

制作方法

将葡萄洗净去皮，与鲜牛奶一起倒入搅拌机内搅拌成汁。再加入蜂蜜和少许冰块搅匀即可。

温馨提示

葡萄所含热量高，葡萄中大部分有益物质可被人体直接吸收，对人体新陈代谢等一系列活动可起到良好的作用。葡萄中含有的白藜芦醇可以防止健康细胞的癌变，抑制癌细胞扩散。

萝卜橘菜汁

原料配比

柑橘 250 克，胡萝卜 200 克，油菜 150 克，凉开水 100 毫升。

制作方法

将柑橘去皮和核后榨汁，油菜和胡萝卜洗净切碎后榨汁。将三种汁和凉开水混合均匀即可。

温馨提示

健胃养胃，清肠排毒，防治贫血。

菠萝莓檬汁

原料配比

菠萝 150 克，草莓 100 克，柠檬汁 40 毫升，冰块少许。

制作方法

将菠萝去皮后切块，草莓洗净去蒂，放入榨汁机内榨汁。再加入柠檬汁和少许冰块即可。

温馨提示

消除疲劳，改善便秘，排毒养颜，预防贫血。草莓中含有的果胶及纤维素，可预防痔疮和肠癌的发生；胺类物质对白血病和再生障碍性贫血有一定辅助功效。

奶味甜桃汁

原料配比

鲜桃 2 个，牛奶 200 毫升，白糖 20 克，冰块少许。

制作方法

将鲜桃去皮去核榨汁，倒入杯中，加入牛奶和白糖搅拌，再加入冰块即可。

温馨提示

桃可促进胆汁分泌，促进肠蠕动，并有降低胆固醇和降压作用，是冠心病人理想的食疗佳品，桃中铁含量也比较高，缺铁性贫血病人经常食用桃，对缓解病症十分有利。

油梨桃子汁

原料配比

油梨 150 克，桃 100 克，柠檬汁 25 毫升，牛奶 100 毫升，冰块少许。

制作方法

将油梨和桃洗净，去皮和核后切成小块，放入榨汁机中榨汁。再加入柠檬汁和牛奶搅匀，加入冰块即可。

温馨提示

柔软肌肤，排毒养颜，预防贫血。特别适合年老体弱者调养身体食用。

草莓豆浆饮

原料配比

草莓 250 克，豆浆 250 毫升，白糖 50 克。

制作方法

将草莓洗净，捣成泥后放入煮沸晾凉的豆浆中，再加入白糖搅拌均匀即可。

温馨提示

补气健脾，预防贫血，增加食欲。对肠胃疾病和贫血者具有一定的滋补调理作用。

萝卜草莓汁

原料配比

胡萝卜150克，草莓100克，柠檬汁50毫升，冰块少许。

制作方法

将胡萝卜洗净后切成小块，草莓洗净后去蒂，一起放入榨汁机中榨汁。再加入柠檬汁搅匀，放入冰块即可。

温馨提示

美白润肤，养颜保健，预防贫血。草莓中富含叶酸，对防治大细胞性贫血及皮肤瘙痒症等有一定辅助功效。

柠檬芹柚汁

原料配比

柠檬1个，柚子1/2个，芹菜茎60克，冰块少许。

制作方法

将柠檬洗净后连皮切成块。去除柚子的果囊及子。芹菜茎洗净。三者均放入榨汁机内榨汁，再放入冰块即可。

温馨提示

补血活血，润泽皮肤。芹菜含有维生素C和胡萝卜素，可滋养肌肤。

菠菜樱蜜汁

原料配比

菠菜80克，樱桃30克，蜂蜜20毫升，凉开水200毫升。

制作方法

将菠菜洗净，放入沸水中焯后捞起放凉。樱桃洗净对切，去核。将二者放入榨汁机中，加入凉开水搅打成汁，再淋入蜂蜜搅匀即可。

温馨提示

补血润燥，清热解毒，预防贫血。樱桃含铁量高，具有促进血红蛋白再生的功效，对贫血患者有一定的补益作用。常吃菠菜可帮助人体维持正常视力、防止夜盲、增强抵抗能力。

菠菜橘果汁

原料配比

菠菜300克，橘子2个，苹果1个，柠檬汁30毫升，冰块少许，凉开水150毫升。

制作方法

将菠菜洗净稍焯后切成小段，橘子剥皮撕成瓣，苹果洗净去核后切成小块，一起放入榨汁机内榨汁。再加入柠檬汁、凉开水和少许冰块搅匀即可。

温馨提示

菠菜具有滋阴润燥、通利肠胃和补血等功效。橘子和苹果富含维生素C,可帮助人体吸收铁质。

胡萝卜菜汁

原料配比

菠菜150克,胡萝卜80克,圆白菜40克,芹菜40克,白糖或盐少许。

制作方法

将菠菜和芹菜洗净后切成小段。胡萝卜洗净后切成小块。圆白菜洗净后撕成小块。三者均放入榨汁机中榨汁。汁内撒入白糖或盐调味即可。

温馨提示

常饮此汁可防止肌肤粗糙,预防贫血和癌症。

莲藕果檬汁

原料配比

莲藕200克,苹果80克,柠檬汁25毫升,凉开水100毫升。

制作方法

将莲藕洗净去皮,切成小块。苹果洗净去皮和核,切成小块。将二者放入榨汁机内榨汁,然后淋入柠檬汁和凉开水

搅匀即可。

温馨提示

藕是老幼妇孺、体弱多病者皆宜的食品。藕含铁量较高，尤其对缺铁性贫血患者更为适宜。

鲜白藕甜汁

原料配比

鲜白藕2500克，白糖少许。

制作方法

将鲜白藕里外冲洗干净，切成丝后剁成泥，用纱布挤压取汁。再加少许白糖搅匀即可。

温馨提示

补血开胃。

番茄柚子汁

原料配比

沙田柚1/2个，番茄2个，蜂蜜少许，凉白开200毫升。

制作方法

将沙田柚洗净，切开后放入榨汁机中榨汁。番茄洗净切成块，放入沙田柚汁内，再加入白开水榨汁，最后加入蜂蜜调匀即可。

温馨提示

润肺清肠，补血健脾，理气解毒，消除粉刺。

胡萝卜奶汁

原料配比

胡萝卜 250 克，鲜牛奶 200 毫升，柠檬汁 30 毫升，冰糖、冰块各少许。

制作方法

将胡萝卜洗净去皮后切成小块，放入榨汁机内榨汁。再加入鲜牛奶、柠檬汁、冰糖和冰块搅匀即可。

温馨提示

胡萝卜有润肠通便、健脾化滞及补血等功效，它含有的维生素 A，能促进机体正常生长与繁殖，防止呼吸道感染及保持视力正常。

草莓梨子柠檬汁

原料配比

草莓 15 个，梨 1 个，柠檬汁适量，纯净水 1 杯。

制作方法

草莓洗净，去蒂，切成小块。梨洗净，去皮，去核，切成小块。将草莓、梨和纯净水放入榨汁机中搅打，再调入柠檬汁即可。

温馨提示

草莓富含维生素 C，能促进铁的吸收。这款蔬果汁能促进消化吸收，对预防贫血有帮助，还能润肺生津、健脾、解酒、美白亮肤。

樱桃汁

原料配比

樱桃 30 颗，蜂蜜适量，纯净水 1 杯。

制作方法

樱桃洗净，去核，和纯净水一同放进榨汁机中搅打，再调入蜂蜜即可。

温馨提示

樱桃含铁量高，榨汁常饮可促进营养吸收，有利于改善缺铁性贫血。还具有润泽皮肤、消除皮肤暗疮疤痕的作用。

芹菜柚子汁

原料配比

芹菜 1 根，柚子 2 瓣，纯净水 1 杯，蜂蜜适量。

制作方法

芹菜洗净，留叶，切成小段。柚子去皮去子，切成小块。将芹菜、柚子和纯净水一同放进榨汁机中搅打，再调入蜂蜜即可。

温馨提示

芹菜富含维生素C,能促进铁的吸收;柚子富含叶酸,能制造红细胞所需营养素。二者一同榨汁,能防止贫血,还能排毒养颜、减肥瘦身。

西兰花菠萝汁

原料配比

西兰花100克,菠萝1/4块,蜂蜜适量,纯净水半杯。

制作方法

西兰花洗净,切成小块。菠萝去皮,放入盐水中浸泡10分钟,切成小块。将西兰花、菠萝和纯净水倒入榨汁机中搅打,再调入蜂蜜即可。

温馨提示

西兰花和菠萝均富含维生素C,能促进铁的吸收,预防缺铁性贫血,还有美白瘦身的功效。

双桃美味汁

原料配比

樱桃10颗,水蜜桃1个,柠檬汁适量。

制作方法

樱桃、水蜜桃分别洗净,水蜜桃去核,切成小块,樱桃去柄、去核。将上述原料放入榨汁机中,加柠檬汁榨汁。

温馨提示

樱桃、水蜜桃汁水充足，生津解渴，樱桃含铁量高，常饮有利于缺铁性贫血的改善，还能使肌肤红润亮泽。

苹果菠菜汁

原料配比

苹果半个，菠菜1小把，柠檬1/4个，蜂蜜适量，纯净水1杯。

制作方法

苹果洗净，去核，切成小块。菠菜洗净，切小段。柠檬去皮。将上述原料放入榨汁机中，加纯净水搅打，再调入蜂蜜即可。

温馨提示

苹果富含铁，菠菜富含叶酸，二者一同榨汁饮用，不但能刺激肠胃蠕动，促进排便，而且能预防缺铁性贫血。

葡萄酸奶汁

原料配比

葡萄15～20粒，酸奶150毫升，柠檬汁、蜂蜜各适量，纯净水半杯。

制作方法

葡萄洗净，去皮去籽，和酸奶、柠檬汁、纯净水一起放入

榨汁机中搅打，再调入蜂蜜即可。

温馨提示

这款蔬果汁富含铁、钙和维生素C，能防止贫血，使脸色红润光泽。

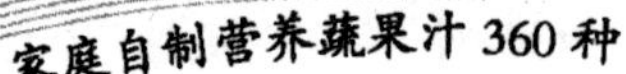

第九章　适合上班族的蔬果汁

上班族一词，在词汇和字典里并没有明确定义；字面上来解是“上班人士的族群”。而现在的上班族已经不仅指“白领”了，通常在城市里的工作者，都可以是上班族。

上班族最常见的健康威胁是电脑辐射、压力大、熬夜、饮食不规律、喝酒、失眠等。这些因素容易导致眼睛发干、疼痛、流泪，皮肤粗糙、长痘痘、长皱纹。此外，久坐不运动，易导致肥胖、便秘等。总之，许多上班族处于亚健康状态。针对这类问题，建议多休息，适当运动，多吃富含维生素的蔬果，饮蔬果汁也是不错的选择。

当感到身体疲惫时，可选择性地多吃一些能恢复精力和体力的食物，诸如花生、腰果、杏仁、核桃等干果。它们含有丰富的B族维生素及维生素E、蛋白质、不饱和脂肪酸，以及钙、铁等，或酌情选食一些富含蛋白质和适量热能、可保护或强化肝肾功能的食物，如芝麻、草莓、蛤蜊、瘦肉等。它们有助于脑力劳动者消除心理疲劳，恢复精力和体力。

当视力受到影响时，应多吃富含维生素A的食物，若持续使用电脑过久，视力则易于受损，宜多吃一些胡萝卜、动物肝肾、红枣、白菜等富含维生素A的食物，以减少眼睛视网膜上的感光物质视紫红质的消耗，有益于保护视力。多饮茶对恢复和防止视力减退也有效，且能降低电脑荧光屏辐射的危害。

长期在办公室工作，日晒机会较少者，应多吃含维生素D的食物，如海鱼、食用蕈类(蘑菇、香菇、平菇、黑木耳等)和鸡肝、蛋黄等，可补充因日晒减少所致的体内维生素D的不足。

当心理压力过大时，会使体内消耗比平时多7倍以上的维生素C。故应多吃富含维生素C的食物。如柑橘、西红柿、菜花、菠菜等。

当“开夜车”需吃夜宵时，宜吃易于消化、热量适中、具有丰富维生素和蛋白质的食物，如菜粥、肉丝面条、蛋花汤、馄饨等。忌一吃完就呼呼大睡，亦不可吃得过饱，否则继续工作时易打瞌睡，且对胃肠消化功能有损害。

当陪客人不胜酒力时，应多吃防止醉酒的食物，如鱼、肉、蛋、奶酪等，这些高蛋白食物既可防醉酒，又能补充营养。也可在饮酒之前喝一杯牛奶，牛奶可在胃壁形成一层保护膜，能减轻醉酒的程度。

当心情烦躁时，宜多吃富含钙质的食物。钙参与神经递质的释放和神经冲动的传导，具有安定情绪的效用。含钙丰富的食物有虾皮、肉骨头汤、牛奶、芝麻酱、豆制品等。

越来越多的上班族很少在家吃饭，“家常便饭”成了“奢侈品”。针对这类问题，建议多吃新鲜蔬果，或饮用蔬果汁。且饭店的饭菜油脂多，热量高，蔬果摄取量少，膳食搭配不当，这样易造成肥胖、内分泌失调、上火、长痘、高血压等。因此，应有意识地多吃富含维生素和矿物质的食物，如蔬菜、水果、豆类及其制品和海带、紫菜等。

还有许多上班族深受失眠的困扰。记住，不要一出现失眠就服用安眠药，那样对身体有不良反应，可以在睡前半小时喝一杯牛奶或安神蔬果汁。平时应坚持锻炼身体，养成良好的睡眠习惯，饮食规律，多吃蔬菜水果，多吃补脑安神的食品，如小米、红枣、核桃等。

菠菜蜂蜜汁

原料配比

菠菜叶 4 片，蜂蜜水 400 毫升，柠檬汁适量。

制作方法

把菠菜洗净用热水焯一下或者用微波炉加热一下后切碎。然后把菠菜和蜂蜜水一同放进榨汁机里搅拌榨汁。最后再加入适量的柠檬汁调匀。

温馨提示

常吃菠菜可帮助人体维持正常视力、防止夜盲、增强抵抗能力。

番茄酸奶果汁

原料配比

番茄 4 个，酸奶 400 毫升，原味酸奶适量。

制作方法

在番茄表面划十字刀，放入沸水中烫后剥去表皮，切成大块。将番茄放入榨汁机内并加入酸奶。

温馨提示

缓解视疲劳。可加入适量的原味酸奶， 调节果汁的

味道。

南瓜汁

原料配比

南瓜 4 块，矿泉水 400 毫升。

制作方法

把南瓜用热水焯一下或是用微波炉加热一下后切成碎块。把南瓜和矿泉水一起放入榨汁机内榨汁。

温馨提示

缓解视疲劳。

β-胡萝卜素和维生素 E 具有防止细胞衰老和抗癌作用。另外还有保护皮肤、黏膜和视网膜的作用，阻止细菌、病毒侵入肌体。

秋葵牛奶汁

原料配比

秋葵 6 根，牛奶 400 毫升，蜂蜜适量。

制作方法

把秋葵用热水焯一下切成适当大小的块，放入榨汁机内，加入牛奶搅拌榨汁。

温馨提示

秋葵富含钙、胡萝卜素、维生素 C 以及铁等物质，有保护黏膜和调节人体部分机能的作用。

洋葱苹果醋果汁

原料配比

洋葱半个，苹果醋10毫升，适量矿泉水。

制作方法

剥去洋葱的表皮，切成大块，用微波炉加热30秒，使它变软。在苹果醋中加入适量的矿泉水调节酸度。将洋葱和苹果醋混合后放入榨汁机内榨汁。

温馨提示

蒜氨酸是洋葱中含有的硫化芳基之一，溶于水后变成蒜素。蒜素能够促使肠道吸收更多的维生素B。

番木瓜菠菜汁

原料配比

木瓜半个，菠菜叶4片，酸橙适量。

制作方法

将菠菜用热水焯一下，或是放入微波炉里加热后切碎。把木瓜和菠菜放进榨汁机里榨汁。最后再把酸橙榨成汁，加入菠菜汁中。

温馨提示

木瓜蛋白酶是一种蛋白质分解酶，具有消炎作用，对于

治疗眼充血有辅助效果，另外还有助于改善消化不良、胃灼热、胃积食等症状。

西红柿胡萝卜汁

原料配比

西红柿 1 个，胡萝卜 2 根，蜂蜜适量。

制作方法

西红柿、胡萝卜均洗净切块，放入榨汁机中搅拌，加入蜂蜜即可。

温馨提示

这款蔬果汁富含维生素 C、维生素 A 和胡萝卜素，可以缓解眼睛疲劳，美容护肤。最好不要早上空腹饮用这款蔬果汁。

胡萝卜菠萝汁

原料配比

菠萝 1/4 块，胡萝卜半根，纯净水适量。

制作方法

菠萝去皮、切成小块，用淡盐水浸泡 10 分钟，取出冲洗干净。胡萝卜切小块，和菠萝一起放入榨汁机内，加入适量纯净水榨汁。

温馨提示

这款蔬果汁富含的胡萝卜素，可滋养皮肤，对增强视网

膜的感光力有帮助。同时，丰富的维生素 C 也能淡化面部黑斑，让肌肤更加美白。非常适合每天面对电脑的上班族。

芦荟甜瓜橘子汁

原料配比

芦荟 1/4 片，甜瓜半个，橘子 1 个，纯净水半杯。

制作方法

芦荟洗净去皮。甜瓜洗净去皮、去籽。橘子去皮、去籽。分别切成小块放入榨汁机内，加入纯净水榨汁。

温馨提示

芦荟中的多糖体是提高免疫力和美容护肤的重要成分。橘子中维生素 C 含量丰富，有提高肝脏解毒功能的辅助作用。

香蕉苹果葡萄汁

原料配比

香蕉 2 根，苹果 1 个，葡萄 15 粒，纯净水 1 杯。

制作方法

葡萄、苹果分别洗净，去皮、去核。香蕉去皮。将香蕉、苹果切 2 厘米见方的小块。将上述原料放入榨汁机中加入纯净水后榨汁。

温馨提示

葡萄中的葡萄糖、有机酸、氨基酸、维生素的含量都很

丰富。这款蔬果汁可补益和兴奋大脑神经，对消除过度疲劳和治疗神经衰弱有一定辅助效果，对女性贫血也有一定的补益。

菠萝甜椒杏汁

原料配比

菠萝半个，甜椒 1 个，杏 6 个，纯净水半杯。

制作方法

菠萝去皮，甜椒洗净去蒂、去籽，杏洗净去核。将菠萝用淡盐水浸泡 10 分钟，再冲洗干净。上述原料分别切成小块放入榨汁机内，加入纯净水榨汁。

温馨提示

预防疲劳、感冒，对消化系统还具有很好的作用，还有利于瘦身。感觉疲劳的时候可以多喝这款含 B 族维生素丰富的蔬果汁。

苹果红薯泥

原料配比

苹果半个，红薯半个，核桃碎 1 小匙。

制作方法

红薯洗净，去皮后用微波炉烤熟，冷却后切成小块。苹果洗净，去皮、去核，切成小块，与红薯一起放入榨汁机中搅拌。最后将核桃碎撒在果泥上即可。

温馨提示

这款蔬果泥能缓解神经衰弱，使头痛、头晕、记忆力下降、失眠、怕光、怕声音等症状得到缓解。

猕猴桃芹菜汁

原料配比

猕猴桃 2 个，芹菜 1 根，蜂蜜少许，纯净水半杯。

制作方法

猕猴桃去皮，切成小块。芹菜洗净、取茎、折小段。在榨汁机中先加半杯纯净水，然后依次放入猕猴桃、芹菜榨汁，最后加蜂蜜调味。

温馨提示

这款蔬果汁富含膳食纤维和维生素 C，可以去除油腻、防治便秘、美容纤体，还有降低胆固醇的吸收，保护血管和心脏的食疗作用。

苹果香蕉芹菜汁

原料配比

苹果 1 个，芹菜 1/3 根，香蕉 1 根，柠檬汁适量，纯净水半杯。

制作方法

苹果洗净，去皮、去核。芹菜洗净，留叶。香蕉去皮。

将上述原料切成小块或小段，放入榨汁机中加入纯净水榨汁，滴入柠檬汁即可。

温馨提示

芹菜、苹果富含膳食纤维和钾，与香蕉搭配榨汁，不但可以通便排毒，还可起到调节、降低血压的辅助功效。

西红柿菠萝苦瓜汁

原料配比

西红柿 1 个，去皮菠萝 1/4 块，苦瓜半根，纯净水半杯。

制作方法

西红柿洗净，去蒂。菠萝用盐水浸泡 10 分钟。苦瓜洗净，去籽。将上述原料切成小块，放入榨汁机中，加入纯净水榨汁。

温馨提示

西红柿所含果酸及膳食纤维，有助消化、润肠通便的作用，苦瓜能降火清肝解毒。这款蔬果汁可以去除油腻，淡化黑色素，让肌肤白皙亮丽。

荸荠西瓜莴笋汁

原料配比

荸荠 10 个，西瓜 1/4 个，莴笋半根。

制作方法

将荸荠、莴笋均洗净，去皮，切成小块。西瓜用勺子掏出瓜瓤，去籽。将所有原料依次放入榨汁机中榨汁。

温馨提示

维生素含量丰富，有利于加强肝脏的功能，帮助肝脏及胃肠的代谢。

胡萝卜梨汁

原料配比

胡萝卜2根，梨1个，柠檬汁适量。

制作方法

胡萝卜、梨均洗净去皮，切小块，放入榨汁机中榨出汁液，加入柠檬汁搅拌即可。

温馨提示

可清热降火，润肺，护肤，改善肝功能，增强身体抵抗力。

西红柿芹菜汁

原料配比

西红柿1个，芹菜1根，纯净水半杯，柠檬汁适量。

制作方法

将西红柿洗净切小块，芹菜洗净切小段，一同放入榨汁机中，倒入纯净水，搅拌后加入柠檬汁即可。

温馨提示

解酒护肝。

芹菜富含膳食纤维，和含 B 族维生素的西红柿一起榨汁，有解毒与强化肝功能的功效。

芝麻香蕉果汁

原料配比

香蕉 1 根，牛奶 400 克，芝麻两大勺（每勺容量为 15 毫升；芝麻最好是芝麻粉或是炒熟的芝麻）。

制作方法

剥掉香蕉皮，切成适当大小的块状。将香蕉和牛奶一起放入榨汁机中，再加入芝麻搅拌榨汁。

温馨提示

芝麻中的木酚素可以分解引起宿醉的罪魁祸首——乙醛，减轻肝脏的负担，消除宿醉，使身体恢复正常。

姜黄果汁

原料配比

柠檬水 400 毫升，姜黄末 1 小勺。

制作方法

将 400 毫升柠檬水放入榨汁机中，放入姜黄末，用榨汁机进行搅拌。

温馨提示

解酒护肝。姜黄是一种健康食品，其中含有的色素姜

黄素具有抗氧化作用。

姜黄香蕉牛奶汁

原料配比

香蕉1根，牛奶400毫升，姜黄粉两小勺。

制作方法

香蕉剥皮，切成适当大小的块放入榨汁机中，加入牛奶、姜黄粉榨汁。

温馨提示

姜黄素能够提高酒精分解酶的分解率，降低血液中的酒精含量，减轻或防治酒精诱导的肝损伤，起到解酒护肝的作用。

西兰花芝麻汁

原料配比

西兰花两棵，矿泉水400毫升，芝麻30克。

制作方法

将西兰花用沸水迅速焯一下，或者用微波炉加热。把西兰花、芝麻和矿泉水放入榨汁机内搅拌榨汁。

温馨提示

解酒护肝。芝麻富含木脂素。有很强的抗氧化作用，能提高肝脏功能、抑制肝癌的产生。

荸荠猕猴桃芹菜汁

原料配比

荸荠 3 个，猕猴桃 1 个，芹菜 1 根，纯净水 1 杯。

制作方法

荸荠洗净、去皮，切成小块，用淡盐水泡约 20 分钟。猕猴桃去皮，也切成小块。芹菜洗净，留叶，切碎。将上述原料放入榨汁机中，加纯净水榨汁。

温馨提示

这款蔬果汁能清新口气，坚固牙齿，护肤排毒。

荸荠猕猴桃葡萄汁

原料配比

荸荠 3 个，葡萄 10 粒，猕猴桃 1 个，纯净水半杯。

制作方法

荸荠洗净、去皮，切小块。葡萄洗净。猕猴桃去皮，切成小块。将上述原料放入榨汁机中，加入纯净水榨汁即可。

温馨提示

这款蔬果汁可坚固牙齿，还有清热利尿、排毒养颜的辅助功效。

猕猴桃蛋黄橘子汁

原料配比

猕猴桃 1 个，熟蛋黄 1 个，橘子 1 个，纯净水半杯。

制作方法

猕猴桃去皮，切块。橘子洗净，去皮去籽，切块。将猕猴桃、橘子与熟蛋黄一起放入榨汁机中，加半杯纯净水榨成汁。

温馨提示

蛋黄能够给身体补充铁元素，猕猴桃和橘子中所含的丰富的维生素 C 能促进铁的吸收。常饮这款蔬果汁，能美白瘦身，还能预防缺铁性贫血。

猕猴桃橙子柠檬汁

原料配比

猕猴桃 1 个，橙子 1 个，柠檬半个，纯净水 1 杯。

制作方法

猕猴桃去皮。柠檬、橙子均洗净，去皮去籽。将上述原料切成 2 厘米见方的小块，加纯净水搅打成汁。

温馨提示

这款蔬果汁能补充熬夜时身体流失的维生素 C，同时可以让肌肤细胞再生，抗皱祛斑，保证营养充分。

苹果荠菜香菜汁

原料配比

苹果 1 个，荠菜 5 棵，香菜 2 根，纯净水半杯。

制作方法

将苹果洗净、去皮、去核，切成 2 厘米见方的小块。荠菜、香菜分别洗净切成 2 厘米长的小段，与苹果一起放入榨汁机中，加入纯净水榨汁即可。

温馨提示

荠菜是含钙很高的蔬菜，也是人们爱好的一种野菜。香菜也是含钙丰富的蔬菜。苹果中的含钙量也比一般水果要丰盛，而且其中的维生素 B_6 和铁还非常有助于钙质的吸收。

洋葱苹果汁

原料配比

洋葱半个，苹果 1 个，矿泉水 200 毫升。

制作方法

剥掉洋葱的表皮，切成大块，用微波炉加热 30 秒，使其变软。苹果去皮，切成小块。将洋葱和苹果混合后加入矿泉水进行搅打即可。

温馨提示

洋葱在切的时候挥发的刺激成分就是硫化芳基，它具有镇静作用。此外，它还能促进维生素 B_1 的吸收和改善血液循环，并且具有驱寒和安眠作用。

南瓜黄瓜汁

原料配比

南瓜 100 克，黄瓜 1 根，纯净水 1 杯。

制作方法

南瓜洗净，去皮，去籽，切成薄片，蒸熟。黄瓜洗净，切成小块。将南瓜、黄瓜放入榨汁机中，加纯净水搅打成汁。

温馨提示

黄瓜富含维生素 B，能改善大脑和神经系统功能，有安神定志，辅助治疗失眠症的作用。南瓜富含胡萝卜素，维生素 C、锌、钾等，对神经衰弱、记忆力减退有效。

橘子菠萝牛奶

原料配比

橘子 1 个，菠萝 1 块，牛奶 100 毫升。

制作方法

将橘子去皮，去籽。菠萝去皮，放盐水中浸泡 10 分钟，切成小块。将橘子、菠萝和牛奶一起放入榨汁机中搅打即可。

温馨提示

牛奶有改善睡眠的功效，橘子的清香可催人入睡。这款蔬果汁可以缓解失眠症状，还能美白肌肤。

芹菜阳桃汁

原料配比

芹菜 3 根，阳桃 1 个，葡萄 10 粒，纯净水半杯。

制作方法

芹菜洗净，切成小段。阳桃洗净，切成小块。葡萄洗净，去皮，去籽。将上述原料和纯净水放入榨汁机中搅打即可。

温馨提示

芹菜有消除紧张、镇静情绪的作用，和阳桃、葡萄一同榨汁，能缓解失眠，消除便秘，还有预防高血压及动脉硬化的功效。

杧果牛奶

原料配比

杧果 1 个，牛奶 200 毫升，蜂蜜适量。

制作方法

杧果切半，去皮取肉，切成小块。将杧果、牛奶放入榨汁机中搅打，调入蜂蜜即可。

温馨提示

杧果富含胡萝卜素和钙，牛奶能镇静安神。二者制成蔬果汁，不但可以缓解精神紧张，而且能使皮肤光滑、柔嫩，还能提高人体免疫力。

橙子柠檬奶昔

原料配比

橙子半个，柠檬半个，蛋黄 1 个，牛奶 200 毫升，蜂蜜适量。

制作方法

橙子、柠檬去皮，切成小块。将所有原料放入榨汁机中搅打即可。

温馨提示

橙子、柠檬的芳香成分和牛奶、鸡蛋所含的色氨酸有催眠作用，这款奶昔口感清爽，清洁肠胃，美白肌肤，还能缓解失眠症状。

橘子西红柿汁

原料配比

橘子 1 个，西红柿 1 个，果糖适量，纯净水半杯。

制作方法

橘子去皮，去籽。西红柿去蒂，洗净，切成小块。将所

有原料放入榨汁机中搅打即可。

温馨提示

这款蔬果汁能补充 B 族维生素，对改善大脑和神经系统功能有利。还能够改善失眠，也是排毒瘦身、美白祛斑的佳饮。

黄瓜蜂蜜汁

原料配比

黄瓜 1 根，蜂蜜适量，纯净水 1 杯。

制作方法

黄瓜洗净，切段放入榨汁机中加纯净水搅打，调入蜂蜜即可。

温馨提示

这款蔬果汁富含维生素 B，能有效促进机体的新陈代谢、减肥、抗衰老，还有镇静作用。

芹菜香蕉汁

原料配比

西芹半根，香蕉 1 根，矿泉水 400 毫升。

制作方法

取西芹的叶和茎，将其洗净切碎。把香蕉去皮切成大小适中的圆柱状。把西芹和香蕉放入榨汁机中，加入矿泉

水榨汁。

温馨提示

芹菜叶中含有芹菜甙、挥发油等成分，食用后能作用于神经系统，有助于缓解头痛。芹菜中的另一种成分芹菜甲素，具有消炎、镇静的作用。

第十章　适合女性的蔬果汁

很多女性深受月经异常的困扰，包括痛经、月经不调、头痛、腰痛、上火等各种症状。

如果女性激素出现异常，很容易产生以上症状。为此，喝果汁时需要使用能调节女性激素的食材。由于女性每月要来月经，很容易导致贫血，所以，补充铁也十分重要。

每个女性或多或少都遇到过水肿的问题，像时常发生的脸肿、眼肿、小腿肿、手指肿，它虽然不是疾病，但是却会让你早上看上去都好像没有睡醒，还会被说成是“虚胖”，实在令人烦恼。那么水肿状况真的不能逆转了吗？喝对蔬果汁帮你消除水肿，让你摆脱虚肿，重获轻盈！

畏寒症的人多为女性。因为女性的肌肉量比男性少，皮肤表面的温度低，女性中患贫血和低血压的人也较多。女性月经期，也会使腹部血流不畅，导致畏寒。对于畏寒体质的人来说，有必要补充温性、活血的食物。

芹菜苹果胡萝卜汁

原料配比

芹菜1根，苹果1个，胡萝卜1根，温开水半杯。

制作方法

芹菜去叶后洗净，切成小段。苹果、胡萝卜洗净，苹果

去核，分别切成小块。将所有原料放入榨汁机中搅打即可。

温馨提示

这款蔬果汁具有镇定神经的功效，对月经不调引起的情绪不稳定有改善的作用，还有抗氧化抗衰老的食疗功效。

生姜苹果汁

原料配比

生姜汁 1 勺，苹果 1/4 个，红茶包 1 个，开水 1 杯。

制作方法

将红茶用开水泡一会，取出茶包丢弃，苹果洗净，切成小块。将所有原料放入榨汁机中搅打即可。

温馨提示

在月经期间喝加入姜的热饮，可促进血液循环，缓解经期疼痛，改善肤色。

姜枣橘子汁

原料配比

橘子 1 个，红枣 10 个，姜 1 小块，温开水半杯。

制作方法

将橘子洗净，连皮切成小块。红枣洗净，切开，去核。姜洗净，切碎。将上述原料放入榨汁机中加温开水榨汁。

温馨提示

这款蔬果汁有暖宫散寒的效果，对于小腹疼痛发冷、经

量少但颜色发黑症状的寒性痛经有食疗辅助作用。

小西红柿圆白菜汁

原料配比

小西红柿 20 颗，圆白菜 3 片，芹菜 1 根，温开水 1 杯。

制作方法

将小西红柿去蒂，洗净，切成对半。圆白菜洗净，切成适当大小。芹菜去叶洗净，切段。将所有原料放入榨汁机中搅打即可。

温馨提示

小西红柿是一种好吃且低热量的蔬果。这款蔬果汁能缓解月经期间的不舒服症状，还有美白、祛斑、瘦身的功效。

菠萝豆浆

原料配比

菠萝 1 块，香蕉 1 根，热豆浆半杯。

制作方法

菠萝、香蕉去皮，菠萝用盐水浸泡 10 分钟，均切块。将所有原料放入榨汁机中搅打即可。

温馨提示

菠萝可增加血清素，能缓解月经前的焦躁不安、头疼及胸部肿胀等症状。这款饮品还能减肥瘦身。

油菜苹果汁

原料配比

油菜40克，苹果1个，柠檬汁适量，蜂蜜适量，温开水半杯。

制作方法

油菜洗净，切段。苹果洗净，去核，切成小块。将油菜、苹果和温开水放入榨汁机中搅打，再调入柠檬汁和蜂蜜即可。

温馨提示

油菜富含铁、钙及维生素C、叶绿素，是制作蔬果汁的好原料。常饮油菜苹果汁，能补充钙以及女性月经期间所流失的铁。

苹果甜橙姜汁

原料配比

橙子2个，苹果半个，生姜汁2勺，温开水半杯。

制作方法

橙子切成4块，去皮去籽。苹果洗净，去核，切成小块。将橙子、苹果和温开水放入榨汁机中搅打，再调入姜汁即可。

温馨提示

这款蔬果汁可促进血液循环，缓解月经不适。

莴笋生姜汁

原料配比

莴笋 2 根，生姜 1 块，胡萝卜 1 个，苹果 1 个，柠檬汁适量，纯净水半杯。

制作方法

莴笋洗净去皮，切片。生姜、胡萝卜、苹果分别洗净，切成小块。将所有原料放入榨汁机中搅打即可。

温馨提示

生姜不仅能帮助消化，还能缓解孕吐，与富含膳食纤维和叶酸的莴笋一同榨汁能增进食欲，特别适合孕妇饮用。

杂锦果汁

原料配比

猕猴桃 1 个，番石榴 1 个，菠萝 1 块，橙子 1 个。

制作方法

猕猴桃、菠萝、橙子均去皮，切小块，菠萝用盐水泡 10 分钟。番石榴去籽，切小块。将所有原料放入榨汁机中搅打即可。

温馨提示

猕猴桃解热止渴。番石榴保健养颜。橙子滋养润肺、消除疲劳。这款蔬果汁富含天然维生素，能补充孕妇和胎儿所需的营养。

香蕉蜜桃牛奶

原料配比

香蕉 1 根，水蜜桃 1 个，牛奶 100 毫升。

制作方法

香蕉去皮，切段。水蜜桃洗净，去皮，去核。将所有原料放入榨汁机中搅打即可。

温馨提示

香蕉能促进排便，排毒养颜。水蜜桃含有人体所需的维生素。牛奶能补钙。这款蔬果汁能满足孕妇和胎儿的多种营养需要。

蜜桃橙汁

原料配比

水蜜桃 2 个，橙子 1 个，纯净水半杯。

制作方法

水蜜桃洗净，去皮、去核。橙子去皮、去籽。均切成小块。将所有原料放入榨汁机中搅打即可。

温馨提示

水蜜桃含大量的胡萝卜素，可让胎儿的眼睛明亮，同时让孕妇的肌肤润泽。

菜花苹果汁

原料配比

菜花 80 克，苹果半个，脱脂奶粉、蜂蜜各适量，纯净水半杯。

制作方法

菜花洗净、切块。苹果洗净、切块。脱脂奶粉加水充分溶解。将所有原料放入榨汁机中搅打即可。

温馨提示

菜花含有蛋白质、钙及胡萝卜素，苹果富含维生素和矿物质，和富含优质蛋白质的脱脂牛奶一块榨汁，可以帮助产妇快速恢复体力。

南瓜芝麻牛奶

原料配比

南瓜 50 克，牛奶 200 毫升，白芝麻、蜂蜜各适量。

制作方法

南瓜洗净，去皮，蒸熟，切块。白芝麻炒熟后磨成粉。将所有原料放入榨汁机中搅打即可。

温馨提示

南瓜富含胡萝卜素和维生素 C，芝麻富含脂肪、蛋白质、钙、铁、B 族维生素等。产后多饮用这款蔬果汁，能补充体力。

菠菜苹果奶汁

原料配比

苹果半个，菠菜50克，脱脂奶粉、柠檬汁各适量，纯净水半杯。

制作方法

菠菜洗净、切段。苹果洗净、切块。脱脂奶粉加水充分溶解。将所有原料放入榨汁机中搅打即可。

温馨提示

菠菜富含胡萝卜素和铁，有造血功能。脱脂牛奶的优质蛋白质，能促进血液中的血红素的生成。

西兰花西红柿汁

原料配比

西兰花50克，西红柿1个，纯净水半杯。

制作方法

将西兰花洗净，掰成小朵，茎切成小块。西红柿去蒂，洗净，切成小块。所有原料放入榨汁机中搅打即可。

温馨提示

西兰花有“防癌明星”的美誉，富含膳食纤维、维生素C、钙和铁，搭配富含维生素的西红柿，能预防贫血，增强身体抵抗力，还能让皮肤细嫩光滑。

香蕉橙子蛋蜜汁

原料配比

香蕉半根，橙子 1 个，蛋黄 1 个，纯净水半杯。

制作方法

香蕉去皮，切段。橙子切成 4 块，去皮，去籽。将所有原料倒入榨汁机中搅打即可。

温馨提示

这款蔬果汁富含维生素，预防贫血，还能增强人体免疫力，改善肤质。

菠菜胡萝卜牛奶

原料配比

菠菜 50 克，胡萝卜 1 根，牛奶 150 毫升，蜂蜜适量。

制作方法

菠菜洗净，切段。胡萝卜洗净，切块。将菠菜、胡萝卜和牛奶放入榨汁机中搅打，再调入蜂蜜即可。

温馨提示

胡萝卜富含铁和β-胡萝卜素，牛奶富含蛋白质、钙等营养素，能增强人体免疫力，抵抗疾病。常饮还能让肌肤白里透红。

香蕉葡萄汁

原料配比

香蕉 1 根，葡萄 10 粒，蜂蜜适量，纯净水半杯。

制作方法

香蕉剥皮，切段。葡萄洗净，去籽。将香蕉、葡萄和纯净水放入榨汁机中搅打，再调入蜂蜜即可。

温馨提示

香蕉、葡萄富含铁和维生素，能补充人体所需营养，还能让肌肤水润有弹性。

香蕉西兰花牛奶

原料配比

西兰花 100 克，香蕉 1 根，牛奶 100 毫升。

制作方法

西兰花洗净，掰成小朵，茎切成小块。香蕉去皮，切成小段。将西兰花、香蕉和牛奶一起倒入榨汁机中搅打即可。

温馨提示

西兰花是“防癌明星”，牛奶富含钙，香蕉富含的维生素 C 能促进人体对钙的吸收。这款蔬果汁不但能增强人体免疫力，而且具有美白润肤的功效。

西兰花猕猴桃汁

原料配比

西兰花 100 克，猕猴桃 1 个，牛奶 100 毫升。

制作方法

西兰花洗净，掰成小朵，茎切成小块。猕猴桃去皮，切成小块。将所有原料放入榨汁机中搅打即可。

温馨提示

西兰花富含膳食纤维、B 族维生素、维生素 C、钙和铁，搭配富含维生素的猕猴桃，能增强身体抵抗力，抵御疾病，还能让皮肤更细滑。

西红柿牛奶

原料配比

西红柿 1 个，牛奶 200 毫升，蜂蜜适量。

制作方法

西红柿去蒂，洗净，切块，和牛奶放入榨汁机中搅打，再调入蜂蜜即可。

温馨提示

西红柿富含维生素 C 和番茄红素，这两大营养成分是美容瘦身的佳品。这款蔬果汁可以增强体力和耐力，还有美白润肤、改善肤色暗沉的辅助食疗功效。

草莓牛奶汁

原料配比

草莓8颗，牛奶400毫升。

制作方法

草莓去掉叶子，用水洗净切碎。把牛奶和草莓放入榨汁机内搅拌榨汁。

温馨提示

草莓中的叶酸和维生素 B_{12} 能够相互作用，促进红细胞的生成，有预防贫血的功效。另外，草莓中含有的维生素C，能提高身体的免疫力。

草莓西红柿汁

原料配比

草莓6个，西红柿1个，柠檬汁适量，纯净水半杯。

制作方法

草莓、西红柿去蒂，洗净，切成小块放入榨汁机中，加入纯净水搅打，再调入柠檬汁搅拌即可。

温馨提示

草莓、西红柿富含铁和维生素，柠檬富含维生素。这款蔬果汁不但能提高人体抵抗力，还能美容瘦身、祛斑美白，让肌肤充满活力。

胡萝卜苹果醋汁

原料配比

胡萝卜半根,苹果醋10毫升,矿泉水适量。

制作方法

胡萝卜洗净切碎。用矿泉水稀释苹果醋。将胡萝卜和苹果醋放入榨汁机内搅拌榨汁。

温馨提示

柠檬酸有净化血液的作用,能将偏酸性血液变成弱碱性的,从而身体保持比较强的自然活力。另外,血液循环保持畅通还能改善畏寒体质。

红薯汁

原料配比

红薯半根,牛奶400毫升。

制作方法

红薯洗净不要去皮,用沸水快速烫一下,或者用微波炉加热。把红薯切成块,和牛奶一同放入榨汁机内搅拌榨汁。

温馨提示

红薯受挤压或切开后会溢出白色的汁水,这种汁水中含有紫茉莉甙,有消除便秘的功效。紫茉莉甙位于红薯中靠近表皮的部分,所以榨果汁的时候,不要去掉红薯皮。

玉米土豆牛奶汁

原料配比

煮好的玉米1根，牛奶400毫升，土豆半个。

制作方法

从煮好的玉米棒上剥下玉米粒。把土豆放入锅中快速地烫一下或者用微波炉加热，切块。把玉米粒和土豆放入榨汁机中，加入牛奶，搅拌榨汁。

温馨提示

半纤维素是玉米表皮中含有的一种食物纤维，不溶于水，可以促进排便，特别是有害物质的排泄。玉米中含有维生素B和维生素E等成分，有抗氧化作用。

西兰花汁

原料配比

西兰花2瓣，牛奶400毫升。

制作方法

西兰花用沸水快速地焯一下，或者用微波炉加热。将西兰花和牛奶放入榨汁机内搅拌榨汁。

温馨提示

西兰花含有丰富的食物纤维，有助于排便。西兰花还含有丰富的维生素。

胡萝卜牛奶汁

原料配比

胡萝卜半根，牛奶 400 毫升。

制作方法

胡萝卜洗净用沸水快速地焯一下，或者用微波炉加热，切碎。将胡萝卜和牛奶放入榨汁机内搅拌榨汁。

温馨提示

β-胡萝卜素进入体内就会转化成维生素 A，能维持皮肤和黏膜的健康，增加皮肤的湿润度。喜欢甜味的朋友，可以添加蜂蜜。

彩椒牛奶汁

原料配比

彩椒（青、红、黄）各 1 个，牛奶 400 毫升。

制作方法

将彩椒洗净切碎，和牛奶一起放入榨汁机中搅拌榨汁。

温馨提示

彩椒中含有丰富的胡萝卜素和维生素 C，有很好的美容功效。彩椒中的叶绿素和辣椒红素都有很强的抗氧化作用，对预防癌症有帮助。喜欢甜味的朋友，可以添加蜂蜜。

胡萝卜豆浆汁

原料配比

胡萝卜半根，豆浆400毫升。

制作方法

胡萝卜洗净切碎，和豆浆一同放入榨汁机中搅拌榨汁。

温馨提示

可以按照个人的口味，选择原味豆浆或加工豆浆。大豆中的异黄酮进入人体后，和女性激素具有相同的作用。所以，它对乳腺癌、骨质疏松等女性特有的疾病具有很好的辅助预防功效。月经结束后，女性体内的雌激素会迅速减少，这时可以补充一些大豆异黄酮。喜欢甜味的朋友，可以添加蜂蜜。

西红柿酸奶

原料配比

西红柿2个，酸奶200毫升。

制作方法

西红柿去蒂，洗净，切成小块，和酸奶一起放入榨汁机中搅打即可。

温馨提示

西红柿和酸奶均有促进肠胃蠕动的功效，一起榨汁能代谢体内脂肪，对防止水肿均有很好的功效，还能使肌肤光

滑细腻，有弹性。

苹果苦瓜芦笋汁

原料配比

苹果1个，苦瓜半根，芦笋4～5根，纯净水半杯。

制作方法

苹果、芦笋分别洗净，切成小块。苦瓜去瓤，去籽，切成小块。将所有原料放入榨汁机中搅打即可。

温馨提示

苦瓜富含的膳食纤维和果胶，可加速胆固醇在肠道内的代谢，所含苦瓜素能降低体内的脂肪和多糖。这款蔬果汁能让你轻松摆脱水肿，并有瘦身效果。

西红柿葡萄柚苹果汁

原料配比

西红柿1个，葡萄柚1个，圆白菜50克，苹果半个。

制作方法

西红柿洗净，去蒂，切成小块。葡萄柚、苹果分别去皮，切成小块。圆白菜洗净，撕成小片。将所有原料放入榨汁机中搅打即可。

温馨提示

这款蔬果汁可以促进皮下脂肪与多余的水分排出体

外，消除水肿，还有助于瘦身减肥。

冬瓜姜汁

原料配比

冬瓜 150 克，姜 30 克，蜂蜜适量，纯净水半杯。

制作方法

冬瓜去皮、去瓤、去子切块。姜切片。将冬瓜、姜和纯净水放入榨汁机中搅打，再调入蜂蜜即可。

温馨提示

冬瓜有清热解毒、利尿的功效，和姜榨成果汁，能消除水肿，还能美容瘦身。

冬瓜苹果汁

原料配比

冬瓜 150 克，苹果半个，柠檬汁、蜂蜜各适量，纯净水半杯。

制作方法

冬瓜洗净，去皮，去瓤切块。苹果洗净，去核，切块。将冬瓜、苹果和纯净水放入榨汁机中搅打，再调入柠檬汁和蜂蜜即可。

温馨提示

冬瓜利尿，能预防水肿，还具有抗衰老的功效。这款蔬

果汁能让你的肌肤细腻光滑。

西瓜苦瓜汁

原料配比

西瓜 200 克，苦瓜半根。

制作方法

西瓜去皮，去子。苦瓜洗净，去子。将西瓜和苦瓜放入榨汁机中搅打即可。

温馨提示

西瓜中含有大量水分，有很强的利尿功效。这款蔬果汁能预防水肿，有降脂瘦身的功效，还能改善粗糙肤质，让肌肤水润细腻。

木瓜汁

原料配比

木瓜半个，蜂蜜适量，纯净水半杯。

制作方法

木瓜洗净，去皮，去子，切成小块，和纯净水一同放入榨汁机中搅打，再调入蜂蜜即可。

温馨提示

木瓜中的果胶有助排出体内废物，有瘦身的作用。蜂蜜能使肌肤细胞增强活力。

西瓜香蕉汁

原料配比

西瓜 1/4 个，香蕉 1 根。

制作方法

西瓜挖出瓜瓤，去子。香蕉去皮，切成小段。将西瓜和香蕉放入榨汁机中搅打榨汁。

温馨提示

西瓜中含有大量水分，又含有多种维生素和矿物质，以及提高皮肤生理活性的多种氨基酸。这款蔬果汁具有很强的利尿功效，还能补充水分，让肌肤水润、有弹性。

黄瓜汁

原料配比

黄瓜 1 根，柠檬汁、蜂蜜各适量，纯净水半杯。

制作方法

黄瓜洗净，切段，和纯净水一同放入榨汁机中搅打，再调入蜂蜜和柠檬汁即可。

温馨提示

这款黄瓜汁能促进血液循环，防止水肿，瘦身美容。

胡萝卜苹果生姜汁

原料配比

胡萝卜半根，苹果1个，生姜1片，柠檬汁、红糖、纯净水各适量。

制作方法

胡萝卜、苹果均洗净，苹果去核，分别切块。将所有原料放入榨汁机中搅打即可。

温馨提示

胡萝卜除含有维生素、胡萝卜素之外，还含有钙、铁、磷等微量元素。这款蔬果汁能改善血液循环，缓解畏寒。

香瓜胡萝卜芹菜汁

原料配比

香瓜1个，胡萝卜半根，芹菜1根，柠檬汁、蜂蜜各适量。

制作方法

香瓜洗净，去皮，去籽。胡萝卜洗净，切成小块。芹菜洗净，切段。将所有原料放入榨汁机中搅打即可。

温馨提示

这款蔬果汁富含维生素E，可以促进血液循环和体内新陈代谢，改善畏寒症状。

南瓜牛奶芹菜汁

原料配比

南瓜 100 克，牛奶 150 毫升，芹菜 1 根，蜂蜜适量。

制作方法

南瓜洗净，去皮，去子，切成小块，蒸熟。芹菜洗净，切段。将所有原料放入榨汁机中搅打。

温馨提示

南瓜富含胡萝卜素、维生素 C、维生素 E 及矿物质。这款蔬果汁有美白润肤的功效。

柚子汁

原料配比

柚子 2 瓣，柚子皮少量，热开水 1 杯。

制作方法

柚子去皮，去子，切成小块。柚子皮切成小块。将上述原料放入榨汁机中搅打，调入热开水即可。

温馨提示

柚子皮含有维生素 C、维生素 P，能增强抵抗力及强化血管。热的柚子汁能让身体温暖，还有排毒瘦身的功效。

李子优酪乳

原料配比

李子 2 个，香蕉半根，柠檬汁适量，优酪乳 200 毫升。

制作方法

李子洗净，去核，切成块。香蕉去皮，切成小段。将所有原料放入榨汁机中搅打即可。

温馨提示

李子含有钙、铁、钾等矿物质，维生素 A、B 族也很丰富。饮用这款蔬果汁，能补充能量，温暖身体。

玉米牛奶

原料配比

甜玉米 1 根，生姜 1 片，牛奶 1 杯。

制作方法

将甜玉米粒和生姜、牛奶一同放入榨汁机中搅打即可。

温馨提示

这款蔬果汁富含蛋白质、钙、磷、铁等营养素，易于消化吸收，能为身体提供能量，还有美白护肤的功效。

阳桃菠萝汁

原料配比

阳桃1个，菠萝1/4个，纯净水半杯。

制作方法

阳桃洗净削边，切成小块。菠萝去皮，用盐水浸泡10分钟，切成小块。将阳桃、菠萝和纯净水放入榨汁机中搅打即可。

温馨提示

这款蔬果汁富含维生素E，还能消脂瘦身。

第十一章　适合老年人的蔬果汁

衰老是不可抗拒的自然规律，人的衰老和死亡是绝对的。但是，通过科学方法，完全可以延缓人的衰老，提高人的生命质量。让人们在足够长的时间里保持好的精神状态和容颜，让人类在现有生存条件下最大限度的长寿，这些确实是我们能够做到的。

延缓衰老受很多因素的影响，而食物营养是最直接、最重要的因素之一。营养学家通过研究发现，水果除了含有我们已知的营养素外，还富含大量天然植物化合物。这些物质通过提高抗氧化力、调节解毒酶活性、刺激免疫功能、改善激素代谢、抗菌抗病毒等作用，发挥延缓衰老的作用。

随着年龄的增长，要注意提防一些疾病，如中风、骨质疏松、关节疾病、白内障、老年痴呆等等。身体衰老会导致血管“生锈”，为此，要多摄取能减少胆固醇和甘油三酯的食材。除此之外，还要多吃对骨骼生长有好处的异黄酮和钙元素丰富的食物，以及能明目的食物、能增强脑细胞活性的食物。

能益寿延年的食物主要有：燕麦、豆类、麦芽、玉米、芝麻、核桃仁、桂圆、红枣、花生、苹果、橙子、香蕉、橘子、草莓、无花果、杧果、葡萄、桑葚、荔枝、椰子汁、番茄、西瓜、冬瓜、南瓜、胡萝卜、菠菜、洋葱、山药、香菇、鱼类、贝类、牡蛎、海带、豆腐、何首乌、枸杞、人参、葡萄酒、脱脂牛奶和茶叶等。

营养专家表示，老年人每天都应该适当补充 1～2 杯蔬果汁，这不但能使人体充分吸收蔬菜、水果中的营养成分，还对增强抵抗力、减少一些慢性疾病有所帮助。

但要注意，老年人一定要根据各人的身体情况来选择蔬果，尤其是肠胃较敏感或体寒的老年人要更加注意，可以先试着少喝点，如果没有异常反应，再接着喝。体质较热且易上火的老年人，可适当多喝一点，能起到调节肠胃的作用。

香蕉猕猴桃荸荠汁

原料配比

香蕉 1 根，猕猴桃 1 个，荸荠 5 个，山楂 4 颗，纯净水半杯。

制作方法

香蕉去皮。猕猴桃、荸荠分别洗净、去皮。山楂洗净、去核。将所有原料切成小块，一起放入榨汁机中，加入半杯纯净水搅打即可。

温馨提示

这款蔬果汁可降低胆固醇及甘油三酯，对高血压、高脂血、冠心病都有辅助食疗作用。

猕猴桃菠萝苹果汁

原料配比

猕猴桃 2 个，菠萝半个，苹果半个，纯净水 1 杯。

制作方法

猕猴桃、菠萝、苹果分别洗净。猕猴桃、菠萝均去皮，苹果去皮、去核，均切成 2 厘米见方的小块，加入温热纯净水放入榨汁机中榨汁。

温馨提示

猕猴桃可阻止体内产生过多的过氧化物，能防止老年斑的形成，延缓人体衰老。这款蔬果汁富含膳食纤维和抗氧化物质，可清热降火、润燥通便、瘦身美容，并能增强人体免疫力。

菠萝苹果西红柿汁

原料配比

去皮菠萝 1 块，苹果半个，西红柿 1 个。

制作方法

将菠萝用盐水浸泡 10 分钟，再冲洗干净。苹果洗净，去皮，去核。西红柿洗净，去蒂。所有原料均切 2 厘米见方的丁，放入榨汁机中榨汁。

温馨提示

西红柿有祛斑、净化血液的辅助作用，搭配苹果和菠萝，

不但口感更丰富，净化血液的效果会更强，对防治冠心病有一定辅助食疗效果。

洋葱黄瓜胡萝卜汁

原料配比

洋葱 1 个，胡萝卜 1 根，黄瓜 1 根，纯净水半杯。

制作方法

黄瓜和胡萝卜均洗净，切成 2 厘米见方的小块。洋葱洗净去老皮，切同等大小的块。将上述原料放入榨汁机中，加入纯净水榨汁。

温馨提示

胡萝卜和黄瓜中的多种维生素以及钙、磷、镁等矿物质，都是老年人保健所需的营养素。这款蔬果汁具有杀菌、增强免疫力的功效。

山药果奶汁

原料配比

苹果 250 克，山药 150 克，牛奶 200 毫升，冰糖、冰块各少许。

制作方法

将苹果和山药洗净去皮后切成小块，一起放入榨汁机内榨汁，再加入牛奶、冰糖和冰块搅匀即可。

温馨提示

山药是虚弱、疲劳或病愈者恢复体力的最佳食品，不但可以抗癌，对于癌症患者治疗后遗症的调理也极具功效，经常食用能提高免疫力、预防高血压、降低胆固醇、利尿及润滑关节。由于脂肪含量低，即使多吃也不会发胖。

蔬果柠檬汁

原料配比

苹果 150 克，白菜 120 克，柠檬汁 20 毫升，白糖少许，凉开水 100 毫升。

制作方法

将苹果洗净去核切成小块，白菜洗净切小段，一起放入榨汁机内榨汁，再加入柠檬汁、凉开水和白糖搅匀即可。

温馨提示

白菜富含微量元素锌，具有生血作用，可促进伤口愈合。白菜含有丰富的粗纤维，能促进胃肠蠕动，稀释肠道毒素，常食可增强人体抗病能力和降低胆固醇，有利于延缓衰老。白菜中还含有微量元素硒及钼，具有防癌作用。

苹果蜜奶饮

原料配比

苹果 2 个，牛奶 300 毫升，蜂蜜 30 毫升。

制作方法

将苹果洗净去皮核，切成小块，放入消毒后的纱布袋中挤压榨汁，然后加入牛奶和蜂蜜搅拌均匀即可。

温馨提示

营养丰富，润肤保健，是适合老年人的营养饮品。

菠菜果橙汁

原料配比

苹果 2 个，橙子 1 个，菠菜 300 克，冰块少许。

制作方法

将苹果洗净去核，切成小块。橙子去皮，切成小块。菠菜洗净切成小段。一起放入榨汁机内榨汁，再撒入冰块即可。

温馨提示

菠菜和苹果富含铁质与钙质，可有效地预防和改善贫血。菠菜中的膳食纤维含量较丰富，对便秘患者有益。

橘子蛋奶汁

原料配比

橘子 2 个，牛奶 100 毫升，熟鸡蛋黄 1 个，蜂蜜、冰块各少许。

制作方法

将橘子去皮后榨汁，与牛奶、熟鸡蛋黄末、蜂蜜及碎冰块一起放入搅拌器内搅拌均匀即可。

温馨提示

消除疲劳，益寿延年。加入蛋黄及牛奶的果汁，营养价值很高，可缓解疲劳。橘子富含维生素C，可预防感冒。

番茄蕉酸汁

原料配比

番茄2个，香蕉2个，乳酸菌饮料150毫升，柠檬汁20毫升，凉开水100毫升。

制作方法

将番茄洗净后切块，与去皮的香蕉一起榨汁。在汁内加入乳酸菌饮料、柠檬汁和凉开水搅匀即可。

温馨提示

抗衰延年，保湿润肤。香蕉富含钾，能平衡体内过多的钠，帮助正常排便，降低胆固醇。

草莓蜂蜜汁

原料配比

草莓500克，蜂蜜20毫升。

制作方法

将草莓洗净，沥干水分，放入榨汁机内榨汁，再淋入蜂蜜搅匀即可。

温馨提示

具有补虚、养血和排毒等功效。适用于身体虚弱及食欲不振者。

草莓甜奶汁

原料配比

草莓 200 克，牛奶 250 毫升，冰糖少许。

制作方法

将草莓洗净去蒂后切成丁，放入榨汁机内榨汁，再加入牛奶和少许冰糖搅匀即可。

温馨提示

消除油腻，增强食欲，养颜美容，抗衰延年。

番茄果菜汁

原料配比

苹果 200 克，番茄 150 克，圆白菜 400 克，柠檬汁 40 毫升，冰糖 20 克，冰块少许。

制作方法

将苹果洗净，带皮去核切成小块。番茄洗净后切成片。圆白菜洗净后撕成片。将三者放入榨汁机内榨汁，再加入柠檬汁、冰糖和冰块搅匀即可。

温馨提示

贫血患者可多吃一点圆白菜，它也是女性的美容食品，能提高人体免疫力，预防感冒及抗癌。番茄具有美容效果，常吃能使皮肤细腻，可延缓衰老。所含番茄红素，具有抗氧化功效，有助防癌。

紫甘蓝葡萄汁

原料配比

紫甘蓝100克，葡萄8粒，苹果1个，柠檬汁、果糖各适量，纯净水半杯。

制作方法

紫甘蓝洗净，撕成小片。苹果洗净，去核，切块。葡萄洗净，去籽。将所有原料放入榨汁机中搅打即可。

温馨提示

紫甘蓝和葡萄的抗氧化能力强，益气补血，延缓衰老。

柠檬柚菜汁

原料配比

柠檬1个，菠菜150克，柚子100克，冰块少许。

制作方法

将柠檬连皮切块，菠菜洗净切段，柚子去皮除子，一起放入榨汁机中榨汁，再加入冰块即可。

温馨提示

改善皮肤粗糙，淡化褐斑，美白肌肤，抗衰延年。菠菜中含有辅酶 Q10 和丰富的维生素 E，具有益寿和增强活力的作用。

冬瓜蜜果汁

原料配比

冬瓜 400 克，苹果 80 克，蜂蜜、冰块各少许。

制作方法

将冬瓜洗净去皮后切成小块，苹果洗净去皮和核后切成小块，一起放入榨汁机内榨汁，再加入蜂蜜和冰块调匀即可。

温馨提示

冬瓜富含维生素 B，可以帮助淀粉转化成热量，减少脂肪的积累。久食可保持皮肤润泽光滑，并可保持形体健美。

豆浆蓝莓果汁

原料配比

豆浆 400 毫升，蓝莓 8 颗。

制作方法

蓝莓用水洗净。把豆浆和蓝莓放入榨汁机内搅拌榨汁。

温馨提示

蓝莓可以用果酱代替。大豆中含有丰富的异黄酮。它和女性激素有相同的作用，对女性疾病有很好的辅助功效。摄取大豆异黄酮能补充体内的雌激素，改善更年期综合征的各种症状。

油梨牛奶果汁

原料配比

油梨 1 个，牛奶 400 毫升。

制作方法

油梨去籽，用勺子舀取果肉。把油梨和牛奶放入榨汁机中搅拌榨汁。

温馨提示

油梨中含有丰富的维生素 E，有抗氧化作用，能抵御过氧化类脂质对身体的伤害，延缓衰老。过氧化类脂质和蛋白质结合，会导致皮肤、血管、脏器等组织产生斑块。所以，维生素 E 还可以防止身体出现褐斑。

南瓜牛奶汁

原料配比

南瓜薄片 4 片，牛奶 400 毫升。

制作方法

南瓜用沸水迅速焯一下或者用微波炉加热，然后切碎。把南瓜和牛奶放入榨汁机内搅拌榨汁。

温馨提示

β-胡萝卜素、维生素 C 和维生素 E 都有很强的抗氧化作用，这三种营养素在南瓜中的含量十分丰富。由于加热之后这些营养更容易吸收，所以最好先把南瓜加热之后，再放入榨汁机中。

芝麻番茄汁

原料配比

番茄 4 个，芝麻一大匙。

制作方法

在番茄的表面切开一个口子，用沸水烫一下，剥去表皮，切成大块。把番茄和芝麻放入榨汁机内搅拌榨汁。

温馨提示

芝麻中含有木质素，番茄中含有番茄红素。它们都有强抗氧化作用，能去除体内的老化物质，为肌肤、内脏和大脑增添活力。

第十二章　适合儿童的蔬果汁

我国《居民营养与健康状况调查》报告指出：我国儿童存在着严重的营养问题。其中营养失衡、营养不良、运动能力下降等导致儿童生长迟缓、低体重、肥胖等问题日益严重，儿童的营养健康越来越引起家长及社会的关注。

从3岁起，宝宝踏上成长新阶段，各方面机能进入快速成长期，尤其是学龄前儿童，他们正处在生长发育的关键时期，对各种营养素的需要量相对高于成人，科学合理的营养不仅有益于他们的生长发育，对宝宝未来发展至关重要，将为他们日后的健康成长打下良好的基础。

从膳食的合理结构上看，水果和蔬菜不宜互代。水果果肉细腻，利于消化，可以补充水分、果糖和维生素C。但含无机盐少，含糖多，吃多了容易有饱腹感。蔬菜粗纤维含量多，利于肠蠕动不易引起便秘，而且无机盐含量高，是含钙、铁等食物的来源。

因此，搭配合理的蔬果汁是儿童营养的有效补充手段之一。而且，颜色鲜艳，美味爽口的蔬果汁也容易被儿童接受。

胡萝卜橙汁

原料配比

胡萝卜2根，橙子2个，蜂蜜适量。

制作方法

胡萝卜洗净切小块，橙子去皮取肉。将胡萝卜和橙子一起放入榨汁机中榨汁，放入蜂蜜即可。

温馨提示

胡萝卜有丰富的胡萝卜素、维生素、钙、铁等，橙子开胃消食。这款蔬果汁可促进儿童生长发育，保护视力，预防感冒，开胃解渴。

胡萝卜苹果橙汁

原料配比

胡萝卜1根，苹果半个，橙子1个，纯净水1杯。

制作方法

将所有原料分别洗净，苹果去核、橙子去籽，均切成2厘米见方的小块，放入榨汁机中，加入纯净水榨汁。

温馨提示

这款蔬果汁能开胃，补充多种维生素，消除体内的自由基，加强身体的免疫力。

菠萝西瓜汁

原料配比

菠萝1块，西瓜1块，蜂蜜适量，纯净水1杯。

制作方法

将菠萝去皮，西瓜去皮子，均切成小块，和纯净水一同放入榨汁机中搅打，调入蜂蜜即可。

温馨提示

菠萝富含膳食纤维，西瓜具有利尿功效，二者一同榨汁，可以促进肠胃蠕动，帮助儿童消化，促进食欲。

红薯苹果牛奶

原料配比

红薯70克，苹果1个，牛奶150毫升。

制作方法

红薯洗净，去皮，切小块，蒸熟。苹果洗净，去皮，去核，切小块。将红薯、苹果和牛奶一起放入榨汁机中榨汁即可。

温馨提示

红薯含有丰富的膳食纤维，有利于排便。牛奶内含丰富的蛋白质和钙等营养成分。这款蔬果汁可增强儿童免疫力，促进骨骼生长。

菠萝苹果汁

原料配比

菠萝半个，苹果1个，油菜30克，圆白菜30克，纯净水半杯，蜂蜜适量。

制作方法

菠萝去皮切块，盐水泡10分钟，冲洗干净后沥干。苹果去皮，去核，切块。油菜、圆白菜均洗净，切小段。将上述原料和纯净水放入榨汁机中搅打均匀，再放入蜂蜜即可。

温馨提示

在水果里，菠萝中的酶含量最高。两餐之间喝杯菠萝苹果汁，既能借助丰富的酶来开胃，又能补充维生素C，对健康十分有益。常饮这款蔬果汁，能令孩子食欲大开。

樱桃酸奶

原料配比

樱桃20颗，酸奶100毫升，纯净水半杯，蜂蜜适量。

制作方法

樱桃洗净去核，和酸奶、纯净水一同放入榨汁机中搅打，再加入蜂蜜即可。

温馨提示

樱桃含蛋白质、磷、胡萝卜素、维生素C等，儿童经常饮用这款蔬果汁，能使肤色红润，增强身体免疫力，预防感冒。

苹果小萝卜汁

原料配比

苹果1个，樱桃小萝卜1个，蜂蜜适量，纯净水半杯。

制作方法

樱桃小萝卜洗净，苹果去皮、去核，分别切成小块，放入榨汁机中加纯净水榨汁，加入蜂蜜调味。

温馨提示

苹果富含膳食纤维，和樱桃小萝卜一起榨汁，有健胃消食、除咳生津的功效。

橙子香蕉牛奶

原料配比

橙子2个，香蕉半根，牛奶250毫升，蜂蜜适量。

制作方法

将橙子切块取肉，香蕉去皮、切块，和牛奶用榨汁机搅打，再加入蜂蜜即可。

温馨提示

香蕉富含钙、锌、镁、维生素A、B族维生素等，营养价值较高。这款蔬果汁口感香甜，易受儿童喜欢。

百合山药汁

原料配比

百合 30 克，山药半根，蜂蜜适量，纯净水半杯。

制作方法

百合掰开，洗净。山药洗净，去皮，切小片。将百合、山药放入榨汁机中，加入纯净水榨汁，调入蜂蜜即可饮用。

温馨提示

山药健脾胃，助消化，与百合搭配可改善小儿盗汗。

草莓牛奶

原料配比

草莓 10 个，牛奶 200 毫升。

制作方法

草莓去蒂，洗净切半，和牛奶一起放入榨汁机内打匀即可。

温馨提示

牛奶含丰富的蛋白质和钙等营养成分，与草莓搭配饮用，可加快体内的新陈代谢，提高儿童的抵抗力，还能美容护肤。

第十三章　适合学生的蔬果汁

我国有3亿多学生，随着生活水平的提高，营养与健康状况有了很大改善。但由于缺乏合理营养知识，膳食摄入不平衡，青少年中的“小胖墩”和“豆芽菜”逐年升高。

全国抽样调查结果表明，青少年膳食中热量供给已基本达到标准，但蛋白质供给量偏低，优质蛋白比例小，钙、锌、铁、维生素A等营养素明显不足。由于膳食中铁的吸收利用率低，我国20岁以下人群缺铁性贫血患病率为6%～29%。

城市中小学学生一日三餐普遍是早餐马虎、中餐凑合、晚餐丰富，而实际上应该早餐丰富才对。学生膳食中植物源性铁的比例过高，铁的质量差、吸收少。学生钙摄入也不足，仅为有关标准的40.6%，这与学生膳食中奶制品、豆类消费量偏低有关。

值得一提的是，中学生学业负担重、饮食不重视，导致营养状况不如小学生。城市学生因生活水平高，偏食严重，常吃高热量的巧克力、饼干等，同时缺乏体育运动和身体锻炼，故而城市孩子的营养状况普遍不容乐观。

特雷森儿童健康研究所和西澳大利亚大学联手做过一项实验，研究结果显示，青少年进食快餐、薯条、深加工的肉类和饮料较多，会对反应能力、视觉注意力、学习及记忆能力产生负面影响。而那些食用较多绿叶蔬菜、清蒸肉类的青少年则有较好的认知表现。这是因为大量摄入饱和脂肪酸和简单的碳水化合物与海马体的功能损伤相关，而海马体在大脑是负责学习和记忆的重要部分。青少年时期是大脑发育的重要阶段，不健康的饮食会对这一过程造成影响。

大脑是高度发达的器官，是支配和调节人的一切生理活动的"总指挥"。不管对于学生还是上班族来说，要有好的学习和工作效率，首先要有灵活的大脑。薯条汉堡吃多了让你变得又胖又傻！亡羊补牢，为时未晚，从今日开始，多吃点健脑补脑的食物吧。

菠萝苦瓜蜂蜜汁

原料配比

菠萝半个，苦瓜 1 根，蜂蜜适量，纯净水半杯。

制作方法

菠萝削皮，切成小块，用盐水泡 10 分钟，沥干水分。苦瓜去籽切块。将菠萝、苦瓜一起放入榨汁机内，加入纯净水榨汁，再加入蜂蜜即可。

温馨提示

苦瓜中的苦味能加快肠胃蠕动，助消化。蜂蜜能消除人体内的垃圾。这款蔬果汁能提高食欲、增强免疫力、消除疲劳，尤其适合需要补充体力的学生饮用。

草莓酸奶

原料配比

草莓4个,香蕉半根,酸奶200毫升,蜂蜜适量。

制作方法

草莓去蒂,洗净切半。香蕉去皮切小段。将草莓、香蕉和酸奶、蜂蜜一起放入榨汁机内打匀即可。

温馨提示

草莓、香蕉富含维生素C,色鲜味美,是学生的最爱。酸奶能促进肠胃蠕动,易于消化吸收。经常饮用这款蔬果汁,可健肠胃,调节人体代谢,提高抗病能力。

香蕉苹果牛奶

原料配比

香蕉1根,苹果半个,牛奶200毫升,蜂蜜适量。

制作方法

香蕉去皮切成小段。苹果洗净、去皮,切成小块。将香蕉、苹果和牛奶、蜂蜜一起放入榨汁机内打匀即可。

温馨提示

牛奶富含钙,香蕉、苹果能消食化滞。这款蔬果汁既美味又能促消化,还能补充钙,促进身体发育。

西红柿橙汁

原料配比

西红柿2个，橙子1个，柠檬汁、蜂蜜各适量。

制作方法

西红柿洗净去蒂，切成四块。橙子切成四块，去皮。将西红柿、橙子一起放入榨汁机中搅打，再加入柠檬汁、蜂蜜搅匀即可。

温馨提示

这款蔬果汁富含维生素A和维生素C，可以预防青春痘，消除怠倦，美白祛斑。

苹果胡萝卜菠菜汁

原料配比

苹果半个，胡萝卜半根，菠菜1小把，芹菜1根，蜂蜜1小匙，冰水半杯。

制作方法

苹果洗净、去皮、去核。胡萝卜洗净、去皮，均切成小块。菠菜和芹菜洗净切碎。将上述原料依次放入榨汁机中，加适量冰水榨汁，最后加入蜂蜜调味。

温馨提示

芹菜能补钙。胡萝卜素对眼睛大有益处。菠菜是身体的“清洁大师”。

猕猴桃葡萄芹菜汁

原料配比

猕猴桃2个，葡萄20粒，芹菜1根，纯净水1杯。

制作方法

猕猴桃洗净，去皮，切成小块。葡萄洗净，去籽。芹菜洗净，留叶切碎。榨汁机中加入纯净水，再放入上述原料，榨汁即可。

温馨提示

猕猴桃和葡萄富含人体所需的多种营养元素，可以补充身体的能量。

白菜心胡萝卜荠菜汁

原料配比

白菜心1个，胡萝卜1根，荠菜2棵，纯净水半杯。

制作方法

将白菜心、胡萝卜、荠菜洗净。胡萝卜去皮，切小丁。白菜心、荠菜切小段。将上述原料放入榨汁机，加入纯净水榨汁。

温馨提示

白菜所含的硒，有助于防治弱视。胡萝卜中的胡萝卜素可转化成维生素A，能明目养神、增强抵抗力。荠菜有明目的功效。

火龙果草莓汁

原料配比

火龙果半个，草莓 3 个，蜂蜜适量，纯净水半杯。

制作方法

火龙果去皮取肉。草莓去蒂，洗净切块。将火龙果、草莓和水、蜂蜜一起放入榨汁机中打匀即可。

温馨提示

火龙果富含维生素和水溶性纤维，且含糖量少，热量低，可以清热祛火，促进肠胃蠕动。

杧果西红柿汁

原料配比

杧果 1 个，西红柿 1 个，圆白菜少量，柠檬汁适量，纯净水半杯。

制作方法

杧果去皮去核，切成小块。西红柿洗净去蒂，切成小块。圆白菜洗净切成小块。将上述原料和纯净水放入榨汁机中搅打，再放入柠檬汁搅匀即可。

温馨提示

杧果中胡萝卜素的含量在水果中属上乘，具有保护眼睛、明目的作用。西红柿富含胡萝卜素、维生素 C，有美白、去斑的功效。这款蔬果汁可保护视力，缓解视觉疲劳。

香蕉南瓜汁

原料配比

香蕉1根，南瓜100克，蜂蜜适量，纯净水1杯。

制作方法

南瓜去皮去子，切成小块，蒸熟。香蕉去皮，切成小块。将熟南瓜、香蕉和纯净水放入榨汁机中搅打，再调入蜂蜜即可。

温馨提示

香蕉含有大量果胶，可以帮助肠胃蠕动，促进排便，消除肠道内的毒素，美容养颜。所含的色氨酸，有安神、抗抑郁作用。

第十四章　四季养生蔬果汁

《黄帝内经》中说：春天养生，夏天养长，秋天养收，冬天养藏，也就是常说的：春生、夏长、秋收、冬藏，这指出养生与自然变化有着密切的关系。只有顺应自然物候的更替和变化，才能真正做到合理养生、益寿延年。

春季天气变暖，各种细菌、真菌开始滋生，人体抵抗力变弱，容易感冒、过敏，所以防菌、保洁、抗过敏也变得特别重要。此时，应多吃新鲜蔬菜和水果。小白菜、油菜、柿子椒、西红柿等新鲜蔬菜及橘子、柠檬等水果，富含维生素C，具有抗病毒作用。芝麻、圆白菜、菜花等富含维生素E，能提高机体免疫，增强抗病能力。用新鲜的蔬果榨汁饮用，在享受春天气息的同时，令人更加轻松愉快。

夏季饮食宜清淡。夏季暑热，人的脾胃消化功能相对较弱，应适当吃些清热解毒的食物，蔬菜类如茼蒿、芹菜、小白菜、香菜、苦瓜、竹笋、黄瓜、冬瓜等，鱼类如青鱼、鲫鱼、鲢鱼等。这些食物能起到清热解暑、消除疲劳的作用，对中暑和肠道疾病有一定的预防作用。

中医认为，“秋气通于肺”。这一理论提示人们，秋季养生保健必须顺应时令的变迁，注意保养肺气，避免发生呼吸系统疾患。秋季气候的特点是干燥，燥是秋令主气。秋季宜多吃生津增液的食物，如芝麻、梨、藕、香蕉、苹果、银耳、百合、柿子、橄榄以及鸭肉、甲鱼、蜂蜜、蔬菜等，以润燥养

肺。凡辛热麻辣、煎烤熏炸等食物，宜少吃或不吃。

冬季饮食宜滋补。冬季饮食养生的基本原则是要顺应体内阳气的潜藏，敛阳护阴。可适当选用羊肉、狗肉、虾、韭菜、桂圆、木耳、栗子、核桃、甲鱼等食物。多吃些薯类，如甘薯、马铃薯等。蔬菜类如大白菜、圆白菜、白萝卜、黄豆芽、绿豆芽、油菜等。

冬季忌食寒性物。冬三月草木凋零、冰冻虫伏，是自然界万物闭藏的季节，人的阳气也要潜藏于内，脾胃功能相对虚弱，若再食寒凉，宜损伤脾胃阳气。因此冬季应少吃荸荠、柿子、生萝卜、生黄瓜、西瓜、鸭等性凉的食物。同时，不要吃得过饱，以免引起气血运行不畅，更不要饮酒御寒。

请大家根据季节不同，制作适自己需要的美味蔬果汁吧！

胡萝卜菜花汁

原料配比

胡萝卜1根，菜花50克，蜂蜜适量，纯净水半杯。

制作方法

胡萝卜洗净，切成小块。菜花洗净，掰成小朵。将胡萝卜、菜花加纯净水放入榨汁机中榨汁，倒入杯中加蜂蜜即可。

温馨提示

适合春天饮用。菜花具有很强的抗氧化性，胡萝卜富含β-胡萝卜素。二者搭配制成蔬果汁，有美容瘦身、提高免疫力、改善体质及有助防癌的食疗功效。

大蒜甜菜根芹菜汁

原料配比

紫皮蒜 1 瓣，甜菜根 1 个，芹菜 1 根，纯净水半杯。

制作方法

大蒜剥皮，洗净。胡萝卜、甜菜根洗净，均切成 2 厘米见方的小块。芹菜洗净，切碎。先加入纯净水，再将上述原料放入榨汁机中榨汁。

温馨提示

适合春天饮用。大蒜具有杀菌消毒的功效。春季常饮此蔬果汁，可以预防感冒，增强抵抗力。

杧果酸奶

原料配比

杧果 1 个，酸奶 100 毫升，蜂蜜适量，纯净水半杯。

制作方法

杧果切半，去皮取肉，切成小块。将杧果、酸奶放入榨汁机中，加纯净水搅打，调入蜂蜜即可。

温馨提示

适合春天饮用。杧果富含胡萝卜素，和酸奶一起制成蔬果汁，既能美容护肤，又能提高人体免疫力，是春季不可多得的美味蔬果汁。

哈密瓜草莓牛奶

原料配比

哈密瓜 1/4 个，草莓 5 个，牛奶 200 毫升。

制作方法

哈密瓜去皮，去瓤，切成小块。草莓洗净，去蒂，切成小块。将哈密瓜、草莓放入榨汁机中，加入牛奶搅打即可。

温馨提示

适合春天饮用。哈密瓜含有胡萝卜素，草莓富含维生素 C，牛奶富含蛋白质、钙、铁、锌等营养素。三者一起榨汁，营养美味，既能美白护肤，又能提高人体免疫力。

橘子胡萝卜汁

原料配比

橘子 2 个，胡萝卜 1 根，蜂蜜适量，纯净水 1 杯。

制作方法

胡萝卜洗净，切成条。橘子去皮，去籽。将橘子、胡萝卜放入榨汁机中，加纯净水榨汁，调入蜂蜜即可。

温馨提示

适合春天饮用。橘子含有丰富的维生素和有机酸，胡萝卜富含 β-胡萝卜素。二者一起制成蔬果汁，可以促进人体新陈代谢，增强抵抗力，排毒养颜。

胡萝卜甜菜根汁

原料配比

胡萝卜半根，甜菜根半个，大头菜半个，芹菜 1 根，纯净水半杯。

制作方法

大头菜、甜菜根、胡萝卜、芹菜分别洗净。芹菜切碎，其他原料分别切成 2 厘米见方的小块。加入纯净水，将上述原料放入榨汁机中榨汁。

温馨提示

适合春天饮用。这款蔬果汁富含胡萝卜素、叶酸、铁、果胶、维生素 C、钙、镁、磷、钾、锰等多种营养元素，对排毒养颜、提高免疫系统功能有辅助作用。

鳄梨杧果汁

原料配比

鳄梨半个，杧果 1 个，香蕉半根，纯净水 1 杯。

制作方法

将所有水果去皮取肉，切小块，和纯净水一同放入榨汁机中搅打即可。

温馨提示

适合春天饮用。鳄梨富含膳食纤维、植物蛋白等，杧果富含胡萝卜素，香蕉富含维生素 C。三者一同榨汁，可美容

护肤，预防疾病。身体瘦弱、抵抗力差的人宜常饮此汁。

清凉苹果青瓜汁

原料配比

黄瓜 300 克，苹果 240 克，蜜冬瓜糖 2 块。

制作方法

苹果、黄瓜洗净、去皮、切小快。糖块敲成小粒。一同放入搅拌机中(可加入凉开水)充分搅拌，成浓稠果汁，喜欢甜食可以适当加点蜂蜜或者白糖。

温馨提示

适合夏天饮用。取材简单容易，适合各种人群。其功效是许多果汁所不及的。黄瓜性凉，胃寒患者食之易致腹痛泄泻。

菠萝苦瓜柠檬汁

原料配比

菠萝 200 克，苦瓜 200 克，柠檬汁适量。

制作方法

菠萝去皮，切长条。苦瓜洗净去子切成长条。放入榨汁机中榨成汁，加入柠檬汁调味，即可倒入杯中饮用。

温馨提示

这款蔬果汁富含维生素 B、C，可以消暑降火，美白肌肤。

苦瓜加上菠萝，香甜解渴，让你远离酷暑困扰。

消夏什锦蔬果汁

原料配比

白菜 1/4 个（约 280 克），西芹 1 条（约 80 克），番茄 90 克，菠萝 170 克，橙汁 50 毫升。

制作方法

白菜洗净，撕成大片。西芹、番茄洗净。菠萝去皮，切成长条。依序将材料放入榨汁机中榨成汁。最后加入橙汁调匀即可饮用。

温馨提示

这款蔬果汁有清肠润燥、清热除湿的功效，对于女士而言，还可让你的身体变得更加苗条，实属消夏佳饮！

雪梨西瓜香瓜汁

原料配比

雪梨 1 个，西瓜 1/4 个，香瓜半个，柠檬 2 片。

制作方法

雪梨、香瓜分别洗净，梨去核，香瓜去籽，均切成小块。西瓜舀出瓜瓤，柠檬片切碎。所有原料一起放入榨汁机中榨汁。

温馨提示

西瓜有利尿功效，夏天饮用这款果汁不但能清热排毒，

还能让肌肤保持水润亮泽。

红豆乌梅核桃汁

原料配比

红豆 30 克，乌梅 5 颗，核桃仁 20 克，清水 200 毫升。

制作方法

红豆洗净，加水煮至熟烂，晾凉。与乌梅、核桃仁一起放入榨汁机中搅打成汁即可。

温馨提示

清热利湿，适合夏季饮用。同时，对小便黄赤、阴囊湿痒、肝经湿热有辅助食疗功效。

胡萝卜苹果橙汁

原料配比

胡萝卜 1 根，苹果半个，橙子 1 个，纯净水 1 杯。

制作方法

胡萝卜洗净，切块。苹果洗净，去核，切小块。橙子去皮，去子，切小块。将胡萝卜、苹果、橙子放入榨汁机中，加纯净水榨汁。

温馨提示

夏季因天气炎热容易胃口不佳，这款蔬果汁具有开胃功效，还能补充多种维生素，消除体内的自由基，增强身体

的免疫力。

杧果椰子香蕉汁

原料配比

杧果 1 个，椰子 1 个，香蕉 1 根，牛奶适量。

制作方法

椰子切开，将汁水倒入榨汁机中。杧果去皮，去核。香蕉去皮，切成小块。将杧果、香蕉放入榨汁机中，可依个人喜好，加入适量牛奶一起搅打。

温馨提示

清凉爽口、防暑除烦，对夏日不思饮食、心烦难眠者尤为适宜。

木瓜冰糖甜奶汁

原料配比

木瓜 200 克，鲜牛奶 250 毫升，冰糖、冰块各少许。

制作方法

将木瓜去皮去子后切成小块，放入榨汁机内榨汁，再加入鲜牛奶、冰糖和冰块搅匀即可。

温馨提示

适合夏天饮用。养颜美容、红润颜面及预防便秘，对咽喉肿痛有缓解作用。

苦瓜胡萝卜牛蒡汁

原料配比

苦瓜半根，胡萝卜半根，牛蒡半根，柠檬1片，纯净水半杯。

制作方法

苦瓜洗净，去子。牛蒡削去外皮，洗净。胡萝卜洗净。柠檬去皮。均切成小块。将上述原料放入榨汁机中，加入纯净水后榨汁。

温馨提示

苦瓜含丰富的苦瓜碱、B族维生素和维生素C，有解热降肝火的辅助食疗作用，对便秘、夏季的痱疹和燥热性疮毒也有一定功效。

香瓜柠檬汁

原料配比

香瓜1个，柠檬半个，蜂蜜适量，纯净水半杯。

制作方法

将香瓜、柠檬分别去皮，去子，切成小块，和纯净水一同倒入榨汁机中搅打，再调入蜂蜜即可。

温馨提示

适合夏天饮用。香甜可口的香瓜柠檬汁，不管是饭前开胃还是饭后消化，都非常适合，还能美白润肤。

小白菜苹果汁

原料配比

小白菜 100 克,苹果半个,柠檬汁、生姜汁各适量。

制作方法

小白菜洗净、切段。苹果洗净、去核、切块。将所有原料放入榨汁机中搅打即可。

温馨提示

适合秋天饮用。小白菜富含维生素 A、维生素 C 和 B 族维生素及钙、钾、硒等,和苹果一同榨汁,有利于预防心血管疾病,并能促进胃肠蠕动,保持大便通畅,排毒养颜。

萝卜莲藕梨汁

原料配比

白萝卜 2 片,莲藕 3 片,梨 1 个,蜂蜜适量,纯净水半杯。

制作方法

白萝卜、莲藕分别洗净,去皮,切成小块。梨洗净,去核,适当切碎。将上述原料放入榨汁机中,加入纯净水榨汁,最后加蜂蜜调味。

温馨提示

适合秋天饮用。白萝卜、梨和莲藕都有润肺祛痰、生津止咳的功效,三者合一的蔬果汁防秋燥功效非常突出。

蜂蜜柚子梨汁

原料配比

柚子 2 瓣，梨 1 个，蜂蜜适量。

制作方法

柚子去皮，去子，切块。梨洗净，去皮，去核，切块。将柚子、梨放入榨汁机中搅打，调入蜂蜜即可。

温馨提示

适合秋天饮用。这款蔬果汁能滋润肌肤，润肺解酒，还可以降低人体内的胆固醇含量，尤其适合高血压患者饮用。

南瓜橘子牛奶

原料配比

南瓜 50 克，胡萝卜 1 根，橘子 1 个，鲜奶 200 毫升。

制作方法

南瓜去皮，去子，切成小块，蒸熟。胡萝卜洗净，切块。橘子去皮。将所有原料放入榨汁机中搅打即可。

温馨提示

秋季干燥，喝这款蔬果汁能保护皮肤组织，预防感冒，还有美白的功效。

橘子苹果汁

原料配比

橘子 2 个，苹果 1 个，蜂蜜适量，纯净水半杯。

制作方法

橘子去皮。苹果洗净，去核、切块。将橘子、苹果一同放入榨汁机，加纯净水搅打，调入蜂蜜即可。

温馨提示

适合秋天饮用。橘子有生津止咳、润肺化痰、醒酒利尿等辅助功效。

南瓜桂皮豆浆

原料配比

南瓜 100 克，桂皮粉少许，热豆浆 1 杯。

制作方法

南瓜去皮，去子，切成小块，蒸熟。将南瓜、桂皮粉、热豆浆放入榨汁机中搅打即可。

温馨提示

桂皮可以发汗，促进血液循环。在冬季喝一杯暖暖的南瓜桂皮豆浆，能让身体驱走寒冷。

哈密瓜黄瓜荸荠汁

原料配比

哈密瓜 1/4 个，黄瓜 1 根，荸荠 3 个。

制作方法

哈密瓜去皮，去瓤。黄瓜洗净，切块。荸荠洗净，去皮。将所有原料放入榨汁机中搅打即可。

温馨提示

适合冬天饮用。哈密瓜含铁量很高，对人体造血机能有促进作用。

南瓜红枣汁

原料配比

南瓜 300 克，红枣 15 个，纯净水适量。

制作方法

南瓜去皮，去子，切成小块，蒸熟。红枣洗净，去核。将所有原料放入榨汁机中搅打即可。

温馨提示

适合冬天饮用。红枣维生素含量高，南瓜含丰富的膳食纤维，一起榨汁，具有润肠益肝、促进消化的作用。

雪梨莲藕汁

原料配比

雪梨1个，莲藕200克，冰糖适量，纯净水半杯。

制作方法

莲藕去皮，洗净，切块。雪梨去皮，去核，切块。将雪梨、莲藕放入榨汁机中，加纯净水搅打，再加入冰糖搅匀即可。

温馨提示

适合冬天饮用。莲藕能清热生津、凉血散淤，雪梨生津润燥、清热化痰。冬季干燥，体内容易缺水、上火，这款蔬果汁具有润肺生津、健脾开胃、除烦解毒、降火利尿的功效。

金盾版图书，科学实用，通俗易懂，物美价廉，欢迎选购

新编大众菜谱（第四次修订版）	23.00 元
厨师入门常用菜精选（全彩）	22.00 元
电压力锅美味菜肴（全彩）	21.00 元
家常炒菜精选	19.00 元
炸串制作精选	19.00 元
宝宝营养食谱	19.00 元
营养家常菜精选	19.00 元
家常炝拌菜精选	20.00 元
家常炖菜精选	20.00 元
家常烧菜精选	19.00 元
家常卤酱熏菜精选	20.00 元
家常熘焖爆菜精选	20.00 元
沙锅家常菜精选	20.00 元
大厨拿手热卖菜精选	19.00 元
一学就会的家常菜·炒菜	16.00 元
一学就会的家常菜·炖菜	16.00 元
一学就会的家常菜·汤菜	16.00 元
一学就会的家常菜·凉拌菜	16.00 元
家常各式米饭任你选	18.00 元
快餐制作食谱	15.00 元
大众美味烧烤	30.00 元
煲汤精选 200 例	19.00 元
美味农家菜精选	20.00 元
68 种名特蔬菜的营养与科学食用	14.00 元
新编美味卤菜 200 例	14.00 元
图解食品雕刻技法	20.00 元
蔬菜食材科学选购与加工·家常食材科学选购与加工丛书	12.00 元
图说胃肠病食疗菜谱	15.00 元
一学就会的家常主食·米饭面食	16.00 元
饺子制作精选	18.00 元
中式糕点工艺及配方	11.00 元
美味面点 400 种（第二版）	16.00 元
厨师培训教材（修订版）	72.00 元
中式烹调速成教程	30.00 元
烹饪诀窍 500 题（第 2 版）	25.00 元
家庭泡菜 100 例	6.00 元
新编家庭泡菜 200 样	19.00 元
腌酱泡菜精选 280 例	20.00 元
四川泡菜 200 种	11.00 元
蔬菜酱腌干制实用技术	13.00 元
家庭自制美味辣酱	10.00 元
营养豆浆米糊自己做	19.00 元
婴幼儿营养食谱·汤羹粥糊汁	16.00 元
美容整形知识问答	29.00 元
打造完美新娘	39.00 元
现代实用社交礼仪·第二版	29.00 元
教你穿得科学健康	21.00 元

天然美容美发600方 16.00元
健美形体训练法 28.00元
家庭养花指导(修订版) 25.00元
家庭实用养花手册 18.00元
家庭养花300问(第四版) 29.00元
兰花栽培入门 9.00元
君子兰栽培技术 12.00元
爱鸟观鸟与养鸟 14.50元
信鸽饲养与训赛 10.00元
家庭笼养鸟(第2版) 14.00元
金鱼养殖技术问答(第2版) 9.00元
锦鲤养殖与鉴赏 12.00元
养狗训狗与狗病防治
(第三次修订版) 22.00元
狗狗饲养经验集锦 15.00元
家庭养犬大全 26.00元
科学养犬手册 16.00元
藏獒饲养管理与疾病防治 20.00元
藏獒疾病防治与护理 23.00元
藏獒的选择与养殖 13.00元
宠物狗驯养200问 15.00元
犬猫疾病诊疗失误病例分析 13.00元
宠物常见病病例分析 16.00元
2015工作效率手册 15.00元
2015办公记事手册 28.00元
实用对联三千副(第四版) 15.00元
行业经典对联3000副 25.00元
传世经典对联3000副 22.00元
中华名亭经典对联荟萃 21.00元
中华名楼经典对联荟萃 15.00元
中华名阁经典对联荟萃 11.00元
民间常用对联3000副 16.00元
国防对联2000副 21.00元
吉祥对联2000副 18.00元
阳光对联2000副
·对联系统丛书 16.00元
楹联艺术探美 15.00元
格言对联大观 19.00元
名赋赏析 19.00元
家政服务手册
·社区生活服务丛书 20.00元
保安员实用手册 26.00元
衣食住行实用手册 27.00元
中华传统习俗·婚嫁手册 10.00元
婚庆实用手册(第二版) 19.00元
中国地名灯谜解析 19.00元
谜歌中国
·设谜猜谜技巧丛书 28.00元
中国人名灯谜解析
·设迷猜谜技巧丛书 15.00元
灯谜入门必读
·设迷猜谜技巧丛书 16.00元

以上图书由全国各地新华书店经销。凡向本社邮购图书或音像制品，可通过邮局汇款，在汇单“附言”栏填写所购书目，邮购图书均可享受9折优惠。购书30元(按打折后实款计算)以上的免收邮挂费，购书不足30元的按邮局资费标准收取3元挂号费，邮寄费由我社承担。邮购地址：北京市丰台区晓月中路29号，邮政编码：100072，联系人：金友，电话：(010)83210681、83210682、83219215、83219217(传真)。